Software
Requirements
Engineering

软件需求工程

李英梅　丁云鸿　主编
马　宁　刘明宇　夏伟宁　副主编

清华大学出版社
北京

内容简介

本书介绍贯穿整个软件开发周期的管理需求工程的实用技术，包括多种可以促进用户、开发人员和管理层之间有效沟通的方法；提供了新的实例，以及作者在实际工作中遇到的各种实际案例和解决方案。此外，本书还介绍需求示例文档及故障诊断指南等。

本书可作为高等学校软件工程及相关专业的教材，也可作为软件开发人员的参考用书。

图书在版编目(CIP)数据

软件需求工程/李英梅，丁云鸿主编. —北京：清华大学出版社，2020.6
ISBN 978-7-302-55521-6

Ⅰ. ① 软… Ⅱ. ①李… ②丁… Ⅲ. ①软件需求 Ⅳ. ①TP311.52

中国版本图书馆 CIP 数据核字(2020)第 086018 号

责任编辑：张瑞庆 常建丽
封面设计：何凤霞
责任校对：胡伟民
责任印制：宋 林

出版发行：清华大学出版社
网 址：http://www.tup.com.cn，http://www.wqbook.com
地 址：北京清华大学学研大厦 A 座 **邮 编**：100084
社 总 机：010-62770175 **邮 购**：010-62786544
投稿与读者服务：010-62776969，c-service@tup.tsinghua.edu.cn
质量反馈：010-62772015，zhiliang@tup.tsinghua.edu.cn
课件下载：http://www.tup.com.cn，010-83470236
印 装 者：北京国马印刷厂
经 销：全国新华书店
开 本：185mm×260mm **印 张**：11.75 **字 数**：298 千字
版 次：2020 年 7 月第 1 版 **印 次**：2020 年 7 月第 1 次印刷
定 价：36.00 元

产品编号：085621-01

前　言

本书全面、深入地讲述了软件开发中一个至关重要的问题——软件需求问题。软件开发人员及用户往往容易忽略沟通的重要性，导致软件开发出来后，不能很好地满足用户的需要。返工不仅在技术上给开发人员带来巨大的麻烦，并且会造成人力、物力和资源的浪费，还会使软件性能受到负面影响。因此，在开发早期提高项目需求分析的质量，减少重复劳动，通过控制项目范围的扩大及需求变更达到按计划完成预定目标，是当前软件业急需解决的问题，也是本书讨论的主要内容。

本书源自我们软件需求工程的教学经验，适用于大学新生以及打算在软件工程领域开始新职业的经验丰富的计算机技术专业人员。本书介绍的内容覆盖软件需求工程完整的生命周期，范围从需求开发阶段到分析阶段，直至需求管理阶段。

本书内容的基础是我们多年的教学经验。第一位作者具有软件工程相关二十余年的一线教学经验；第二位作者具有丰富的需求工程教学经验；其他作者也在软件工程专业教学十余年，有着丰富的专业背景和教学经历。全书分为三大部分，共18章，其中，李英梅老师编写第8～13章的内容，丁云鸿老师编写第1～4章的内容，马宁老师编写第16～18章的内容，刘明宇老师编写第5～7章的内容，夏伟宁老师编写第14、15章的内容。

尽管新思想和新技术会不断涌现，书中介绍的一些原理可能将来需要更新，但我们相信本书中介绍的底层的、基础的概念会保留下来。

作　者

2020年2月

目　录

第一部分　软件需求绪论

第二部分 软件需求工程

第三部分　软件需求管理

第一部分　软件需求绪论

第1章　基本的软件需求

引例一

“喂，是Phil吗？我是人力资源部的Maria，我们在使用你编写的职员系统时遇到一个问题，一个职员想把她的名字改成Sparkle Starlight，但系统不允许，你能帮忙解决这个问题吗？”

可以从两个方面考虑：首先从用户方考虑，用户不会接受一个不能进行基本操作的软件产品。但从开发人员角度看，在一个系统完成后，用户再提出对功能的更改是一件很烦人的事。修改系统的请求会迫使你放下当前的项目，而且，修改请求往往还要求你优先处理，也是令人很不愉快的。

其实，在软件开发中遇到的许多问题，都是由于收集、编写、协商、修改产品需求过程中的手续和做法(方法)失误导致的。例如，引例一中出现的问题涉及非正式信息的收集、未确定的或不明确的功能、未发现或未经交流的假设、不完善的需求文档，以及突发的需求变更过程。

涉及软件开发，人们总是变得“大大咧咧”。软件项目中40%～60%的问题都是在需求分析阶段埋下的“祸根”(Leffingwell，1997)。双方不能利用统一标准进行交流，这样便会导致期望差异——开发人员开发的软件与用户想得到的软件存在很大差异。

如果开发人员与客户做需求开发工作时就已经沟通好了，那么就会开发出很出色的产品，同时也会令客户感到非常满意，开发人员后期也会少很多麻烦。如果双方没有进行良好的沟通，便会产生不必要的资源浪费。

本章将帮助读者：

- 了解软件需求开发中使用的一些关键名词。
- 警惕在软件项目中可能出现的与需求相关的一些问题。
- 知道优秀的需求规格说明应该具有的特点。
- 明白需求开发与需求管理的区别。

1.1 软件需求的定义

软件产业存在的一个问题就是缺乏统一定义的名词术语来描述工作。客户定义的“需求”对开发人员似乎是一个较高层次的产品概念。开发人员所说的“需求”对用户来说又像是详细设计。实际上，软件需求包含多个层次，不同层次的需求从不同角度与不同程度反映着细节问题。

IEEE 软件工程标准词汇表(1997 年)中定义需求为：

(1) 用户解决问题或达到目标所需的条件或权能(Capability)。

(2) 系统或系统部件要满足合同、标准、规范或其他正式规定文档所需具有的条件或权能。

(3) 一种反映(1)或(2)所描述的条件或权能的文档说明。

1.1.1 如何理解需求的概念

IEEE 公布的定义包括从用户角度(系统的外部行为)，以及从开发人员角度(一些内部特性)阐述需求。

关键在于一定要编写需求文档。

另外一种定义认为需求是“用户所需要的并能触发一个程序或系统开发工作的说明”。将这个概念拓展开：“从系统外部能发现系统具有的满足用户的特点、功能及属性等”。这些定义强调的是产品是什么样的，并非产品是怎样设计、构造的。下面的定义从用户需要进一步转移到系统特性。

于是，可以这样理解需求：需求是指明必须实现什么的规格说明，它描述了系统的行为、特性或属性，是在开发过程中对系统的约束。

从上面这些不同形式的定义不难发现：并没有一个清晰、毫无二义性的“需求”术语存在，真正的“需求”实际上在人们的脑海中。任何文档形式的需求(如需求规格说明)仅是一个模型，一种叙述(Lawrence，1998)。我们需要确保在描述需求的那些名词的理解方面，双方达成共识。

1.1.2 需求工程中常见术语的定义说明

软件需求包括 3 个不同的层次：业务需求、用户需求和功能需求。

(1) 业务需求(business requirement)反映了组织机构或客户对系统、产品高层次的目标要求，它们在项目视图与范围文档中予以说明。

(2) 用户需求 (user requirement) 文档描述了用户使用产品必须要完成的任务，这在使用实例(use case)文档或方案脚本(scenario)说明中予以说明。

(3) 功能需求(functional requirement)定义了开发人员必须实现的软件功能,使得用户能完成他们的任务,从而满足了业务需求。软件需求各组成部分之间的关系如图 1-1 所示。

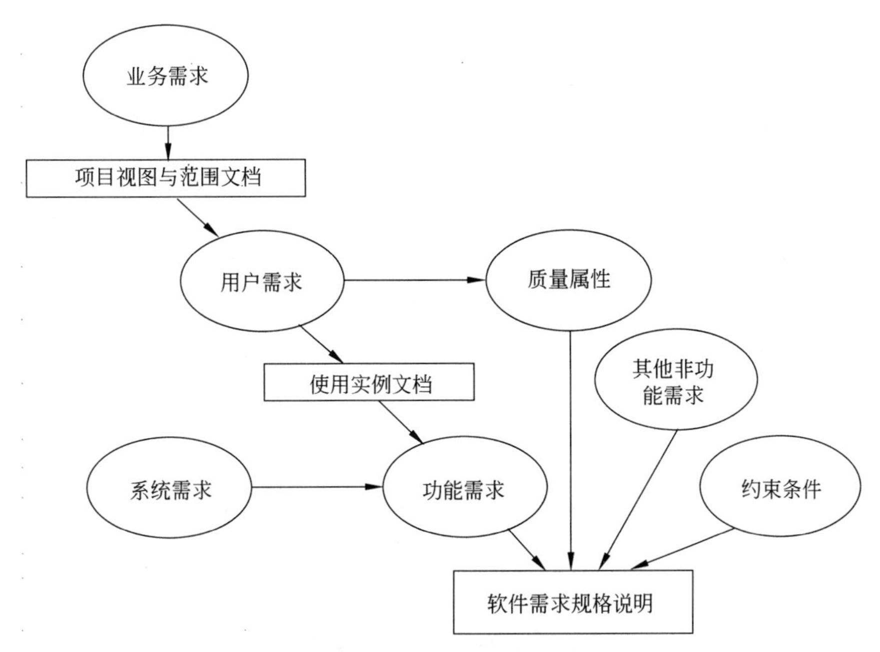

图 1-1　软件需求各组成部分之间的关系

在软件需求规格说明(software requirements specification,SRS)中说明的功能需求充分描述了软件系统应具有的外部行为。其中,软件需求规格起很重要的作用。对一个复杂产品来说,软件功能需求也许只是系统需求的一个子集,因为另外一些可能属于软件部件。

软件需求规格说明作为功能需求的补充,它还应包括非功能需求,它描述了系统展现给用户的行为和执行的操作等,包括产品必须遵从的标准、规范和合约,外部界面的具体细节,性能要求,设计或实现的约束条件及质量属性。所谓约束,是指对开发人员在软件产品设计和构造上的限制。质量属性是通过多种角度对产品的特点进行描述,从而反映产品功能。多角度描述产品对用户和开发人员都极为重要。

管理人员或市场分析人员会确定软件的业务需求,这使公司运作更加高效(对信息系统而言)或者更具有市场竞争力(对商业软件产品而言)。所有的用户需求必须与业务需求一致。用户需求使需求分析者能从中总结出功能需求以满足用户对产品的要求,从而完成任务,而开发人员则根据功能需求设计软件,以实现必须的功能。

从以上定义可以发现,需求并未包括设计细节、实现细节、项目计划信息或测试信息。需求与这些没有关系,它关注的是如何充分说明究竟想开发什么。项目也有其他方面的需求,如开发环境需求、发布产品需求或移植支撑环境的需求。尽管这些需求对项目成功也

至关重要，但它们并非本书要讨论的内容。

1.2　需求过程在软件项目中扮演重要角色

开发软件系统最困难的部分就是准确说明开发什么。最困难的概念性工作便是编写详细技术需求，这包括所有面向用户、面向机器和其他软件系统的接口。同时，这也是一旦做错最终会给系统带来极大损害的部分，并且以后再对它进行修改也很困难。

每个软件产品的体验感来自用户，于是，花在用户体验感上的时间能使产品得到很好的效果。这对于商业最终用户应用程序，企业信息系统和软件作为一个大系统的一部分的产品是显而易见的。但是，对于开发人员来说，并没有编写出客户认可的需求文档，紧接着产生了以下诸多问题：如何知道项目何时结束？如果不知道什么对客户是重要的，那又如何能使客户感到满意呢？

然而，即便并非出于商业目的的软件需求，也是必须的。当然，偶尔你可能不需文档说明就能与其他人的意见较一致，但缺乏文档说明往往会造成重复返工这种不可避免的后果，重新编制代码的代价远远高于重写一份需求文档的代价。

1.3　什么情况将会导致好的群体发生不合格的需求说明

不重视需求过程的项目队伍将产生诸多不必要的麻烦。需求工程中的缺陷将给项目成功带来极大风险，这里的“成功”是指推出的产品能以合理的价格及时限，在功能、质量上完全满足用户的期望。下面讨论一些需求风险。

- 用户不多，导致产品无法被接受。
- 用户需求的增加带来过度的耗费和产品质量的降低。
- 模棱两可的需求说明可能导致时间的浪费和返工。
- 用户增加一些不必要的特性和开发人员画蛇添足（gold-plating）。
- 过分简略的需求说明，以致遗漏某些关键需求。
- 忽略某类用户的需求，导致众多客户不满。
- 不完善的需求说明使得项目计划和跟踪无法准确进行。

1. 无足够用户参与

有时开发人员会错误地认为与用户合作不如编写代码有意思，并且觉得已经明白用户的需求了。甚至，有时用户也不能清晰彻底地阐明自己的需求要点。

2. 用户需求的不断增加

在产品开发过程中，用户不断提出新需求，开发人员需要反复修改，增加了时间成本、人力成本。问题的根源在于用户需求的改变和开发人员对新需求所做的修改。

要想把需求变更范围控制到最小，必须一开始就对项目视图、范围、目标、约束限制和成功标准进行明确说明，并将此说明作为评价需求变更和新特性的参照框架。这样既能清晰地了解用户需求，也能大大减少后期的更改。

当用户不明确自己要做什么，这样也行，那样也行，也就是所谓的模棱两可，这是最可怕的现象。

3. 不必要的“画蛇添足”

一方面是指开发人员在原有框架基础上，新增一部分自认为对用户有用的功能，但用户未有过类似要求，这样很有可能会造成用户不满意，超出当初协定的需求，造成二次重整和不必要的资源浪费。

另一方面是指用户在已满足要求的基础上，又提出一些自认为友好的装饰、辅助的功能要求，本质上增加了开发的工作量，却产生了鸡肋的效果。

4. 过于精简的规格说明

用户认识不到前期开发需求的重要性，只是简单地描述自己想要的软件特征功能，开发人员也未曾深入了解用户的需求，急忙开发出产品，造成产品最终与用户的意愿相差甚远。

5. 忽略了用户分类

对于大多数产品，不同的人使用其不同的特性，使用频繁程度有所差异，使用者受教育程度和经验水平也不尽相同。如果不能在项目早期就针对主要用户进行分类，必然导致有的用户对产品感到失望。例如，菜单驱动操作对高级用户太低效了，但含义不清的命令和快捷键又会使不熟练的用户感到困难。

6. 不准确的计划

对不准确的要求的正确响应是“等我真正明白你的需求时，我就会告诉你”。由于信息不充分，未经深思的对需求不成熟的估计很容易被一些因素左右。要做出估计时，最好是给出一个范围（如最好情况下、很可能的情况下、最坏情况下）或一个可信赖的程度（我有 90%的把握，我能在 8 周内完成）。未经准备的估计通常是作为一种猜测给出的，听者却认为这是一种承诺，因此我们要尽力给出可达到的目标并坚持完成它。

1.4　高质量的需求过程带来的好处

实行有效的需求工程管理的组织能获得多方面的好处。最大的好处是在开发后期和整个维护阶段的重做工作大大减少。Boehm（1981）发现，改正在产品付诸应用后所发现的一个需求方面的缺陷比在需求阶段改正这个错误要多付出 68 倍的成本。近来很多研究表明，这种错误导致成本放大因子可高达 200 倍。强调需求质量并不能引起某些人的重视，他们错误地认为在需求上消耗多少时间就会导致产品开发推迟多少时间。传统的质量成本角度分析揭示了需求及其他早期质量工作的重要性(Wiegers，1996)。

将选定系统的需求明确地分配到各软件子系统，强调采用产品工程的系统方法。这样能简化硬软件的集成，也能确保软硬件系统功能匹配适当。有效的变更控制和影响分析过程也能降低需求变更带来的负面影响。最后，将需求编写成清晰、无二义性的文档有利于系统测试，确保产品质量，以使所有风险承担者感到满意。

1.5　优秀需求具有的特性

怎样才能区分好的需求规格说明和有问题的需求规格说明？下面讨论单个需求说明的几个特点(Davis，1993；IEEE，1998)。让风险承担者从不同角度对 SRS 需求说明进行认真评审，能很好地确定哪些需求确实是需要的。只要在编写、评审需求时把这些特点记在心中，就会写出更好的(尽管并不十分完美)需求文档，同时也会开发出更好的产品。在第 9 章中将使用这些特点找到一些需求陈述中的问题并改进。

1.5.1　需求说明的特征

1. 完整性

每一项需求都必须将所要实现的功能描述清楚，以使开发人员获得设计和实现这些功能所需的所有必要信息。

2. 正确性

每一项需求都必须准确地陈述其要开发的功能。做出正确判断的参考是需求的来源，如用户或高层的系统需求规格说明。若软件需求与对应的系统需求相抵触，则是不正确的。只有用户代表才能确定用户需求的正确性，这就是一定要有用户积极参与的原因。没有用户参与的需求评审将导致此类说法：“那些毫无意义，这些很可能是他们所想要的。”其实这完全是评审者的凭空猜测。

3. 可行性

每一项需求都必须在已知系统和环境的权能、限制范围内可以实施。为避免不可行的需求，最好在获取(elicitation)需求(收集需求)过程中始终有一位软件工程小组的组员与需求分析人员或市场人员一起工作，由他负责检查技术可行性。

4. 必要性

每一项需求都应把客户真正需要的和最终系统所需遵从的标准记录下来。“必要性”也

可以理解为每一项需求都是用来授权编写文档的“根源”。要使每一项需求都能回溯至某项客户的输入，如使用实例或别的来源，每一项需求、特性或使用实例分配一个实施优先级，以指明它在特定产品中占的分量。如果把所有的需求都看作同样重要，那么项目管理者在开发、节省预算或调度中就丧失了控制自由度。第13章将更详细地讨论如何划分优先级。

5. 无二义性

对所有需求说明的读者都只能有一个明确统一的解释，由于自然语言极易导致二义性，所以尽量把每项需求用简洁明了的用户性的语言表达出来。避免二义性的有效方法包括对需求文档的正规审查，编写测试用例，开发原型以及设计特定的方案脚本。

6. 可验证性

检查每项需求是否能通过设计测试用例或其他的验证方法，如用演示、检测等确定产品是否确实按需求实现了。如果需求不可验证，则确定其实施是否正确就成为主观臆断，而非客观分析。一份前后矛盾、不可行或有二义性的需求也是不可验证的。

1.5.2 需求规格说明的特点

1. 完整性

不能遗漏任何必要的需求信息。遗漏需求信息将很难查出。注重用户的任务，而不是系统的功能，将有助于避免不完整性。如果知道缺少某项信息，可用 TBD(“待确定”)作为标准标识来标明这项缺漏。在开始开发之前，必须解决需求中所有的 TBD 项。

2. 一致性

一致性是指与其他软件需求或高层(系统，业务)需求不矛盾。开发前必须解决所有需求间的不一致问题。只有进行调查研究后，才能知道某一项需求是否确实正确。

3. 可修改性

在必要时或维护每一项需求变更历史记录时，应该修订 SRS。这就要求每一项需求要独立标出，并与别的需求区别，从而无二义性。每项需求只应在 SRS 中出现一次，这样更改易于保持一致性。另外，使用目录表、索引和相互参照列表方法将使软件需求规格说明更容易修改。

4. 可跟踪性

应能在每一项软件需求与它的根源、设计元素、源代码、测试用例之间建立链接，这种可跟踪性要求每项需求以一种结构化的、粒度好(fine-grained)的方式编写并单独标明，而不是

大段大段的叙述。第 18 章将详细说明需求的可跟踪性。

1.6　需求的开发和管理

需求中名词术语的混淆将导致对科目(规范,discipline)叫法的不一致。一些作者把整个需求范围称为"需求工程",另一些作者则称之为"需求管理"。笔者认为,把整个软件需求工程研究领域划分为需求开发(本书第二部分)和需求管理(本书第三部分)两部分更合适,如图 1-2 所示。

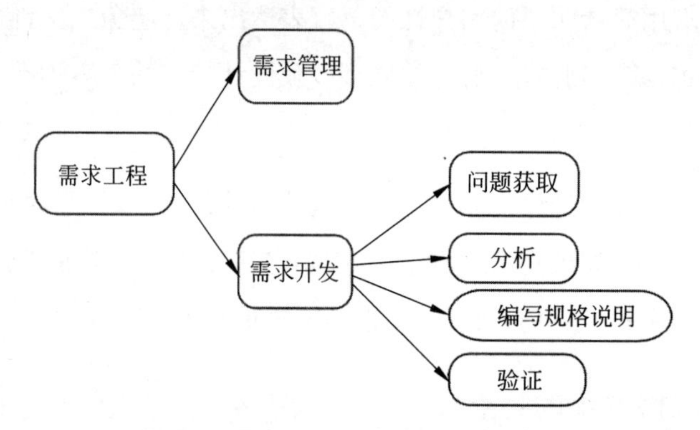

图 1-2　需求工程域的层次分解示意图

需求开发可进一步分为问题获取(elicitation)、分析(analysis)、编写规格说明(specification)和验证(verification)4 个阶段(Thayer et al.,1997)。这些子项包括软件类产品中需求收集、评价、编写文档等所有活动。需求开发活动包括以下 9 个方面。

- 确定产品期望的用户类。
- 获取每个用户类的需求。
- 了解实际用户任务和目标以及这些任务所支持的业务需求。
- 分析源于用户的信息以区别用户任务需求、功能需求、业务规则、质量属性、建议解决方法和附加信息。
- 将系统级的需求分为几个子系统,并将需求中的一部分分配给软件组件。
- 了解相关质量属性的重要性。
- 商讨实施优先级的划分。
- 将所收集的用户需求编写成规格说明和模型。
- 评审需求规格说明,确保对用户需求达到共同的理解与认识,并在整个开发小组接受说明之前搞清楚所有问题。

需求管理需要"建立并维护在软件工程中同客户达成的契约"(CMU/SEI,1995)。这种契约都包含在编写的需求规格说明与模型中。客户的接受仅是需求成功的一半,开发人员必须能够接受他们，并真正把需求应用到产品中。通常的需求管理活动包括：

- 评审提出的需求变更、评估每项变更的可能影响，从而决定是否实施它。
- 以一种可控制的方式将需求变更融入项目中。
- 使当前的项目计划与需求一致。
- 估计变更需求产生的影响并在此基础上协商新的承诺（约定）。
- 让每项需求都能与其对应的设计、源代码和测试用例联系起来，以实现跟踪。
- 在整个项目过程中跟踪需求状态及其变更情况。

下一步：

- 记录在当前项目或以前项目中遇到的与需求相关的问题。指明每个问题是需求开发问题，还是需求管理问题，以及这些问题带来的影响及其产生的根本原因。
- 与组员和其他风险承担者（客户、市场调查人员、项目管理者）一起讨论当前或以前项目中的需求问题，及其产生的根源和带来的影响。向所有参与者指明，如果想解决这些困难，必须正视它，大家是否为此做好了准备？
- 整理出对整个项目人员培训一天用的软件需求课程，人员要包括重要的客户、市场人员和管理人员。培训是一种有效的团队学习与合作的方法。大家将会在培训中达成术语与技术上的共识，有利于沟通与协作。

第 2 章　客户的需求观

引例二

Contoso 制药公司的高级管理人员 Gerhard，会见该公司的信息系统开发小组的新管理员 Cynthia。“我们需要建立一套生物制品跟踪信息系统”，Gerhard 说道，“该系统可以记录库房或某个实验室中已有的化学药品”。

开发人员要懂得从系统的实际用户处得到信息的重要性。市场人员有一个很不错的新产品想法后，就自认为能充分代表产品用户的兴趣要求。然而，直接从产品的实际用户处收集需求有不可替代的必要性。通过对很多项目的调查发现，导致项目失败的最主要的两个原因是缺乏用户参与、不完整的需求和规格说明 (Standish，1995)。

引起需求问题的另一个原因是将不同层次的需求(业务、用户、功能)混淆。

本章说明客户与开发人员之间的关系，它对软件项目开发的成功极为关键。建议写一份软件客户需求权利书和相应的软件客户需求义务书，强调客户(和实际用户)参与需求开发过程的重要性。

2.1　客户与开发人员之间的合作关系

通常，客户是指直接或间接从产品中获得利益的个人或组织。软件客户包括提出要求、支付款项、选择、具体说明、使用软件产品的项目风险承担者 (stakeholder) 或是获得产品所产生的结果的人。

优秀的软件产品是建立在优秀的需求基础上的。高质量的需求来源于客户与开发人员之间有效的交流与合作。只有双方参与者都明白自己需要什么，同时也知道合作方需要什么时，才能成功建立起一种合作关系。由于项目压力与日渐增，所有风险承担者都有一个共同的目标这一点容易被遗忘。其实大家都想开发一个既能实现商业价值，又能满足用户需要，还能使开发人员感到满足的优秀软件产品。

于是，本书根据诸多项目实践经验，罗列出 9 条关于客户在项目需求工程实施中与分析人员、开发人员交流时的合法要求。每一项权利都对应软件开发人员、分析人员的义务。软件客户需求义务书也列出了 10 条关于客户在需求过程中应承担的义务。

软件客户需求权利书

客户有如下权利：

(1) 要求分析人员使用符合客户语言习惯的表达。

(2) 要求分析人员了解客户系统的业务及目标。

(3) 要求分析人员组织需求获取期间所介绍的信息，并编写软件需求规格说明。

(4) 要求开发人员对需求过程中所产生的工作结果进行解释说明。

(5) 要求开发人员在整个交流过程中保持和维护一种合作的职业态度。

(6) 要求开发人员对产品的实现及需求都要提供建议。

(7) 描述产品易用、好用的特性。

(8) 可以调整需求，允许重用已有的软件组件。

(9) 当需要对需求进行变更时，对成本、影响、得失(trade-off)有真实可信的评估。

软件客户需求义务书

客户有下列义务：

(1) 给分析人员讲解业务，说明业务方面的术语。

(2) 清楚地说明需求并不断完善。

(3) 当说明系统需求时，力求准确、详细。

(4) 需要时，要及时对需求做出决策。

(5) 要尊重开发人员的成本估算和对需求的可行性分析。

(6) 对单项需求、系统特性或使用实例划分优先级。

(7) 评审需求文档和原型。

(8) 一旦知道要对项目需求进行变更，要马上与开发人员联系。

(9) 在要求需求变更时，应遵照开发组织确定的工作过程处理。

(10) 尊重需求工程中开发人员采用的流程(过程)。

当为内部集团开发软件时，这些权利和义务可以直接应用于客户。这也适用于有合同关系或者有明确的主要客户集的情况。对普遍市场产品的开发，这些权利和义务更适于像市场部这样的客户代理者。

上述部分也是项目开发的一部分，双方在开发之前，必须针对以上条例达成一致意愿，这样才可以为产品完成后，在转交的过程中减少双方很多不必要的摩擦。

2.1.1 软件客户需求权利书

权利 1：要求分析人员使用符合客户语言习惯的表达

需求讨论通常使用业务术语，客户应将其教给分析人员，客户不一定懂得计算机的行业术语。

权利 2：要求分析人员了解客户的业务及目标

分析人员需要与用户进行深层次广泛的交流以获取用户需求，只有这样，才能更好地了解客户的业务任务并且知道怎样才能使产品更好地满足需要。这将很大程度上提高产品后期效率。为帮助开发人员和分析人员，可以邀请他们观察你或你的同事是怎样工作的。如果新开发系统用来替代已有的系统，那么开发人员应使用一下目前的系统，这将有利于他们明白目前系统是怎样工作的，了解其工作流程的情况，以及可供改进之处。

权利 3：要求分析人员编写软件需求规格说明

分析人员需要整理从你和其他客户那里获得的所有信息，以区分业务需求及规范、功能需求、质量目标、解决方法和其他信息。通过这些分析就能得到一份软件需求规格说明。而这份软件需求规格说明(software requirements specification，SRS)便在开发人员和客户之间针对要开发的产品内容达成了协议。SRS 可以用一种你认为易于翻阅和理解的方式组织编写。你要评审编写出的规格说明以确保它们准确而完整地表达了你的需求。一份高质量的软件需求规格说明有助于开发人员开发出真正满足需要的产品。

权利 4：要求得到需求工作结果的解释说明

分析人员可能采用多种图表作为文字性软件需求规格说明的补充。例如，工作流程图那样的图表能很清楚地描述系统行为的某些方面。所以，需求说明中的各种图表有极高的价值。虽然它们不太难于理解，但是你很可能对此并不熟悉。因此，可以要求分析人员解释说明每张图表的作用或其他的需求开发工作结果和符号的意义，以及检查图表有无错误和不一致等。

权利 5：要求开发人员尊重你的意见

如果用户与开发人员之间不能相互理解，那么关于需求的讨论就会有障碍，共同合作能使大家“兼听则明”。参与需求开发过程的客户有权要求开发人员尊重他们在项目方面的付出。同样，客户也应对开发人员为项目成功这一共同目标所做出的努力表示尊重与感激。

权利 6：要求开发人员对需求及产品实施提供建议

通常，客户所说的“需求”已是一种实际可能的实施解决方案，分析人员将尽力从这些解决方法中了解真正的业务及其需求，同时还应找出已有系统不适合当前业务之处，以确保产品不会无效或低效。在彻底搞清业务领域内的事情后，分析人员有时就能提出相当好的改

进方法。有经验且富有创造力的分析人员还能提出增加一些用户并未发现的很有价值的系统特性。

权利 7：描述产品易使用的特性

你可以要求分析人员在实现功能需求的同时还要注重软件的易用性。因为这些易用特性或质量属性能使你更准确、高效地完成任务。例如，客户有时要求产品要“用户友好”“健壮”或“高效率”，但这对于开发人员来说太主观了，并无实用价值。正确的做法应是：分析人员通过询问和调查了解客户所要的“友好”“健壮”“高效率”包含的具体特性(第 11 章将详细讨论)。

权利 8：调整需求，允许重用已有的软件组件

需求通常要有一定的灵活性。分析人员可能发现已有的某个软件组件与描述的需求很相符。在这种情况下，分析人员应提供一些修改需求的选择以便开发人员能够在新系统开发中重用一些已有的软件。如果有可重用的机会出现，同时你又能调整自己的需求说明，那就能降低成本和节省时间，而不必严格按原有的需求说明开发。所以，如果想在产品中使用一些已有的商业常用组件，而它们并不完全适合你所需的特性，这时一定程度上的需求灵活性就显得极为重要了。

权利 9：要求对变更的代价提供真实可信的评估

有时人们面临更好、更昂贵的方案时，会做出不同的选择。这时，对需求变更的影响进行评估从而对业务决策提供帮助是十分必要的，所以，你有权利要求开发人员通过分析给出一个真实、可信的评估，包括影响、成本和得失等评估。开发人员不能由于不想实施变更而随意夸大评估成本。

权利 10：获得满足客户功能和质量要求的系统

每个人都希望项目成功，但这不仅要求你要清晰地告知开发人员关于系统“做什么”所需的所有信息，而且还要求开发人员能通过交流了解清楚取舍与限制。一定要明确说明你的假设和潜在的期望，否则开发人员开发出的产品很可能无法令你满意。

2.1.2　软件客户需求义务书

义务 1：给分析人员讲解你的业务

分析人员要依靠你给他们讲解的业务概念及术语，但你不能指望分析人员会成为该领域的专家，只能让他们真正明白你的问题和目标。不要期望分析人员能把握业务的细微与潜在之处，他们很可能并不知道那些对于你和你的同事来说理所当然的“常识”。

义务 2：清楚地说明并完善需求

客户很忙，经常在最忙的时候还得参与需求开发。但无论如何，你有义务参与“头脑风

暴”会议的讨论，接受采访或其他获取需求的活动。有时，分析人员可能当时认为明白了你的观点，而过后发现还需要你进一步讲解。这时，请耐心对待需求的精化工作过程中的反复，因为它是人们交流中很自然的现象，何况这对软件产品的成功极为重要。

义务 3：准确而详细地说明需求

编写一份清晰、准确的需求文档是很困难的。由于处理细节问题不但烦人，而且耗时，故很容易留下模糊不清的需求。但是，在开发过程中，必须解决这种模糊性和不准确性。而你恰是为解决这些问题做出决定的最佳人选。不然，你就只好靠开发人员正确猜测了。

在需求规格说明中暂时加上待定（To Be Determined，TBD）的标志是一个不错的办法。用该标志可指明需要进一步探讨、分析或增加信息的地方。不过，有时也可能因为某个特殊需求难以解决或没有人愿意处理它而注上 TBD 标志。尽量将每项需求的内容都阐述清楚，以便分析人员能准确地将其写进软件需求规格说明中。如果一时不能准确表述，就得经历获取必要的准确信息这个过程，通常使用所谓的原型技术。通过开发的原型，你可以同开发人员一起反复修改，不断完善需求。

义务 4：及时做出决定

正如一位建筑师为你修建房屋，分析人员将要求你做出一些选择和决定，这些决定包括来自多个用户提出的处理方法或在质量特性冲突和信息准确度中选择折中方案等。有权做出决定的客户必须积极地对待这一切，尽快处理、决定。因为开发人员通常等你做出决定后才能行动，而这种等待会延误项目的进展。

义务 5：尊重开发人员的需求可行性及成本评估

所有的软件功能都有其成本价格，开发人员最适合预算这些成本（尽管许多开发人员并不擅长评估预测）。你希望的某些产品特性可能在技术上行不通，或者实现它要付出极为高昂的代价。而某些需求试图在操作环境中要求不可能达到的性能或试图得到一些根本得不到的数据，开发人员会对此做出负面的评价意见，你应该尊重他们的意见。

有时，可以重新给出一个在技术上可行、实现上便宜的需求。例如，要求某个行为在“瞬间”发生是不可行的，但换种更具体的时间需求说法（如在 50ms 以内）就可以实现了。

义务 6：划分需求优先级别

绝大多数项目没有足够的时间或资源实现功能性的每个细节。决定哪些特性是必要的，哪些特性是重要的，哪些特性是好的，是需求开发的主要部分。只能由你负责设定需求优先级，因为开发人员并不可能按你的观点决定需求优先级。开发人员将为你确定优先级提供有关每个需求的花费和风险的信息。当设定优先级时，你帮助开发人员确保在适当的时间内用最少的开支取得最好的效果。在时间和资源限制下，关于所需特性能否完成或完成多少，应该尊重开发人员的意见。尽管没有人愿意看到自己希望的需求在项目中未被实

现，但毕竟是要面对这种现实的。业务决策有时不得不依据优先级缩小项目范围或延长工期，或增加资源，或在质量上寻找折中。

义务7：评审需求文档和原型

正如第14章将讨论的，无论是正式的方式，还是非正式的方式，对需求文档进行评审都会对软件质量提高有所帮助。让客户参与评审才能真正鉴别需求文档是否完整、正确说明了期望的必要特性。评审也给客户代表提供一个机会，给需求分析人员带来反馈信息以改进他们的工作。如果你认为编写的需求文档不够准确，就有义务尽早告诉分析人员并为改进提供建议。通过阅读需求规格说明，很难想象实际软件是什么样子的。更好的方法是先为产品开发一个原型。这样你就能提供更有价值的反馈信息给开发人员，帮助他们更好地理解你的需求。必须认识到：原型并非一个实际产品，但开发人员能将其转变、扩充成功能齐全的系统。

义务8：一旦需求出现变更，要马上联系

不断的需求变更会给在预定计划内完成高质量产品带来严重的负面影响。变更是不可避免的，但在开发周期中变更越在晚期出现，其影响越大。变更不仅会导致代价极高的返工，而且工期也会被迫延误，特别是在大体结构已完成后又需要增加新特性时。所以，一旦发现需要变更需求时，一定立即通知分析人员。

义务9：应遵照开发组织处理需求变更的过程

为了将变更带来的负面影响减少到最低限度，所有的参与者必须遵照项目的变更控制过程。这要求不放弃所有提出的变更，对每项要求的变更进行分析、综合考虑，最后做出合适的决策，以确定将某些变更引入项目中。

义务10：尊重开发人员采用的需求工程过程

软件开发中最具挑战性的莫过于收集需求并确定其正确性。分析人员采用的方法有其合理性。也许你认为在需求过程中花费时间不划算，但请相信花在需求开发上的时间是"很有价值"的。如果你理解并支持分析人员为收集、编写需求文档和确保其质量采用的技术，那么整个过程将会更顺利。尽情去询问分析人员为什么要收集某些信息，或参加与需求有关的活动。

2.2 "签约"意味着什么

为所开发产品的需求签订协议是客户与开发人员关系中的重要部分。签约实际上是指项目开发前，双方在产品功能上达成一致性的意愿。

但是，在客户方，总会出现不在意的现象，他们总认为这是一件很微小、很简单的事

情——产品开发开始，只签一个字就行了。更重要的是，签名是建立在一个需求协议的基线上，因此在需求规格说明上的签约应该这样理解："我同意这份文档表述了目前我们对项目软件需求的了解。进一步的变更可在此基线上通过项目定义的变更过程进行。我知道变更可能须重新协商成本、资源和项目工期任务等"。实际上，双方"签约"之后，关于产品功能和需求的一些问题一旦双方认可，任何情况下若一方违背上述内容，另一方可不予承认。

下一步：

- 让客户提供项目的业务需求和用户需求。对权利书和义务书的条目，哪些被客户接受、理解并付诸实践了？哪些没有？
- 与重要客户一起讨论权利书和义务书，以达成协议，并付诸实践。这些行为有助于客户和开发人员互相理解，以形成更融洽的关系。
- 如果你是软件开发项目中的客户参与方，你感到你的需求权利书没有被充分尊重，就可以与软件项目的领导人员或业务分析人员一起讨论权利书的内容。要想建立一种合作的工作关系，就要尽力使对方对你的义务书感到满意。

第 3 章　需求工程的推荐方法

随着时间的推移，开发经验的不断积累，大家发现，“最佳方法”是很多人都热衷的一种解决问题的方式。

在寻找最佳方法时，人们会产生很多疑惑，用什么标准判断采用的方法是最佳的。将成功项目中促进高效的方法和失败项目中导致低效甚至无效的方法都罗列出来，找到公认的能收到实效的关键方法，这些方法即“最佳方法”，其本质是有助于项目成功的有效方法。

本章的标题是“需求工程的推荐方法”，而非“最佳方法”。下面分 7 类介绍 40 余种方法，有助于开发小组做好需求工作。需求工程推荐方法见表 3-1。

表 3-1　需求工程推荐方法

知识技能	需求管理	项目管理
(1) 汇编术语 (2) 培训需求分析人员 (3) 培训用户代表和管理人员 (4) 培训应用领域的开发人员	(1) 控制版本 (2) 跟踪需求状态 (3) 衡量需求稳定性 (4) 使用需求管理工具 (5) 确定变更控制过程 (6) 维护变更历史记录 (7) 进行变更影响分析 (8) 建立变更控制委员会 (9) 编写需求文档的基准版本 (10) 跟踪影响工作产品的每项变更	(1) 协商约定 (2) 管理需求风险 (3) 跟踪需求工作 (4) 选择合适的生存周期 (5) 确定需求的基本计划

续表

需求开发			
获　取	分　析	编写规格说明书	验　证
(1) 需求重用 (2) 用户群分类 (3) 选择产品代表 (4) 建立核心队伍 (5) 确定使用实例 (6) 确定质量属性 (7) 检查问题报告 (8) 分析用户工作流程 (9) 确定需求开发过程 (10) 编写项目视图与范围 (11) 召开联合应用程序开发(JAD)会议	(1) 绘制关联图 (2) 分析可行性 (3) 创建开发原型 (4) 编写数据字典 (5) 确定需求优先级 (6) 为需求建立模型 (7) 应用质量功能展开(QFD)	(1) 指明需求来源 (2) 记录业务规范 (3) 为每项需求注上标号 (4) 创建需求跟踪能力矩阵 (5) 采用软件需求规格说明模板	(1) 审查需求文档 (2) 编写用户手册 (3) 确定合格的标准 (4) 依据需求编写测试用例

上述并非都为最佳方法，但是这些是经过“实战”总结出来的，是最有效的方法。

表 3-2 对表 3-1 中的方法按实施的优先顺序和实施难度进行了分组。由于所列的方法都是有效的，因此最好循序渐进，先从相对容易实施且对项目有很大影响的方法开始。

表 3-2　实施需求工程的推荐方法

优先级别	难度		
	低	中	高
低		(1) 检查问题报告 (2) 编写用户手册 (3) 跟踪需求工作 (4) 维护变更历史记录 (5) 分析用户工作流程	(1) 需求重用 (2) 衡量需求稳定性 (3) 应用 QFD (4) 召开 JAD 会议
中	(1) 汇编术语 (2) 选择产品代表 (3) 编写数据字典 (4) 记录业务规范 (5) 跟踪需求状态 (6) 依据需求编写测试用例	(1) 分析可行性 (2) 建立核心队伍 (3) 创建开发原型 (4) 确定合格的标准 (5) 进行变更影响分析 (6) 培训需求分析人员 (7) 选择合适的生存周期 (8) 跟踪影响工作产品的每项变更	(1) 管理需求风险 (2) 为需求建立模型 (3) 使用需求管理工具 (4) 创建需求跟踪能力矩阵 (5) 培训用户代表和管理人员

续表

优先级别	难度		
	低	中	高
高	(1) 用户群分类 (2) 绘制关联图 (3) 指明需求来源 (4) 编写项目视图与范围 (5) 为每项需求注上标号 (6) 培训应用领域的开发人员 (7) 编写需求文档的基准版本和控制版本	(1) 确定使用实例 (2) 确定质量属性 (3) 审查需求文档 (4) 确定需求优先级 (5) 确定变更控制过程 (6) 建立变更控制委员会 (7) 采用软件规格说明模板	(1) 协商约定 (2) 确定需求开发过程 (3) 确定需求的基本计划

不要期望能够将所有的最优方法都应用到开发的项目中，要尽可能地及时应用它们。

第 4 章会介绍一些用于评价需求工程的方法，并会设计一张实施需求方法改进的步骤图。具体的改进方法在本章和第 4 章中都有介绍。

3.1　知识技能

很多软件开发人员在职业生涯中的某个阶段总会扮演一个需求分析员的角色，他们会与客户一起工作，收集、分析、编写需求文档。需求对项目的重要性不言而喻，它决定了产品开发过程的方向以及产品最终的模样，因此，对开发人员进行技能培训，可以提高他们“理解客户”的能力，更高效地推动工作的进行。

培训需求分析人员，所有的开发人员都应接受一个基本的需求工程培训，但负责收集(capturing)、编写文档和分析用户需求的人员应当进行为期一周或更长时间的培训。把高水平的需求人员组织起来，通过良好的信息交流，有助于快速了解应用领域并有效地应用需求工程中的成熟技术。

(1) 培训软件需求的用户代表和管理人员。参与软件开发的用户代表应接受为期一天左右关于需求工程的培训，开发管理者和客户管理者也应参加。这样的培训将使他们明白需求的重要性，以及若忽略需求，将会带来的风险。

(2) 让开发人员了解应用领域的基本概念。组织一些简短的关于客户业务活动、术语、目标等方面的讨论会，以帮助开发人员对应用领域有一个基本了解。这将会减少对某些术语的误解，尽可能地避免在工程中的返工。

(3) 编写项目术语汇编。为减少沟通方面的问题，编一部术语汇编，将项目应用领域的专用词汇给予定义说明，既要包括有多种含义与用法的术语，也要包括在专用领域和一般使用中有不同含义的词。

3.2 需求获取

第1章讨论了需求的3个层次：业务、用户和功能。在项目中，它们在不同的时间来自不同的来源，也有不同的目标和对象，需以不同的方式编写成文档。业务需求（或产品视图和范围）不应包括用户需求（或使用实例），而所有的功能需求都应该源于用户需求。同时，你也需要获取非功能需求，如质量属性。可以从下列章节中找到相关主题的详细内容。

第4章：确定需求开发过程。

第6章：编写项目视图和范围文档。

第7章：对用户群进行分类并归纳其特点，为每个用户类选择产品代表（product champion）。

第8章：让用户代表确定使用实例。

第11章：确定质量属性和其他非功能需求。

(1) 确定需求开发过程。确定如何组织需求的收集、分析、细化并核实的步骤，并将它编写成文档。对重要的步骤要给予一定指导，这将有助于分析人员的工作，而且也使收集需求活动的安排和进度计划更容易进行。

(2) 编写项目视图和范围文档。项目视图和范围文档应该包括高层的产品业务目标，所有的使用实例和功能需求都必须达到业务目标。项目视图说明使所有项目参与者对项目的目标达成共识。而范围则是作为评估需求或潜在特性的参考。

(3) 对用户群进行分类并归纳其特点。为避免出现疏忽某一用户群需求的情况，要将可能使用产品的客户分成不同组别。他们可能在使用频率、使用特性、优先等级或熟练程度等方面都有差异。详细描述他们的个性特点及任务状况，将有助于产品设计。

(4) 选择每类用户的产品代表。为每类用户至少选择一位能真正代表他们需求并能做出决策的人作为那一类用户的代表。这对于内部信息系统的开发是最易实现的，用户就是身边的职员。而对于商业开发，就得在主要的客户或测试者中建立起良好的合作关系，并确定合适的产品代表。产品代表必须一直参与项目的开发，而且有权做出决策。

(5) 建立典型用户的核心队伍。把同类产品或产品先前版本的用户代表召集起来，从他们那里收集目前产品的功能需求和非功能需求。这样的核心队伍对于商业开发尤为有用，因为你拥有一个庞大且多样的客户基础。核心队伍成员与产品代表的区别在于，核心队伍成员通常没有决定权。

(6) 让用户代表确定使用实例。从用户代表处收集他们使用软件完成所需任务的描述——使用实例，讨论用户与系统间的交互方式和对话要求。在编写使用实例的文档时可采用标准模板，在使用实例基础上可得到功能需求。

(7) 召开 JAD 会议。JAD 会议是范围广的、简便的专题讨论会(workshop),也是分析人员与客户代表之间一种很好的合作办法,并能由此拟出需求文档的底稿。该会议通过紧密而集中的讨论将客户与开发人员间的合作伙伴关系付诸实践(Wood et al.,1995)。

(8) 分析用户工作流程。观察用户执行业务任务的过程。画一张简单的示意图(最好用数据流图)描绘用户什么时候需要获得什么数据,以及如何使用这些数据。编制业务过程流程文档,有助于明确产品的使用实例和功能需求。你甚至可能发现客户并不真的需要一个全新的软件系统,就能达到他们的业务目标(McGraw et al.,1997)。

(9) 确定质量属性和其他非功能需求。确定质量属性和其他非功能需求,将会使你的产品超过客户的期望。在功能需求之外再考虑一下性能、有效性、可靠性、可用性等非功能的质量特点,在这些质量属性上客户提供的信息相对来说非常重要。

(10) 通过检查当前系统的问题报告进一步完善需求。客户的问题报告及补充需求为新产品或新版本提供了大量丰富的改进及增加特性的想法,负责提供用户支持及帮助的人能为收集需求过程提供极有价值的信息。

(11) 跨项目重用需求。如果客户要求的功能与已有的产品很相似,则可查看需求是否有足够的灵活性,以允许重用一些已有的软件组件。

3.3　需求分析

需求分析(requirement analysis)包括提炼、分析和仔细审查已收集到的需求,以确保所有的风险承担者都明白其含义并找出其中的错误、遗漏或其他不足的地方。分析员通过评价确定是否所有的需求和软件需求规格说明都达到了第 1 章中优秀需求说明的要求。分析的目的在于开发出高质量和具体的需求,这样你就能做出实用的项目估算,并可以进行设计、构造和测试。

通常,把需求中的一部分用多种形式描述,如同时用文本和图形描述。分析这些不同的视图将揭示出一些更深的问题,这是单一视图无法提供的(Davis,1995)。分析还包括与客户的交流,以澄清某些易混淆的问题,并明确哪些需求更重要。其目的是,确保所有风险承担者尽早地对项目达成共识,并对将来的产品有一个相同而清晰的认识。后面几章将对需求分析中的任务进行详细讨论。

第 6 章:绘制系统关联图。

第 9 章:建立数据字典。

第 10 章:为需求建立模型。

第 12 章:建立用户接口原型。

第 13 章:确定需求优先级。

(1) 创建用户接口原型。当开发人员或用户不能确定需求时,开发一个用户接口原型和一个可能的局部实现,使得许多概念和可能发生的事更直观、明了。用户通过评价原型使项目参与者能更好地理解所要解决的问题。注意,要找出需求文档与原型之间所有的冲突之处。

(2) 绘制系统关联图。这种关联图是用于定义系统与系统外部实体间的界限和接口的简单模型。同时,它也明确了通过接口的信息流和物质流。

(3) 分析需求可行性。在允许的成本、性能要求下,分析每项需求实施的可行性,明确与每项需求实现相联系的风险,包括与其他需求的冲突、对外界因素的依赖和技术障碍。

(4) 确定需求的优先级别。应用分析方法确定使用实例、产品特性或单项需求实现的优先级别。以优先级为基础确定产品版本将包括哪些特性或哪类需求。当允许需求变更时,在特定的版本中加入每一项变更,并在那个版本计划中列出需求的变更。

(5) 使用 QFD。QFD 是一种高级系统技术,它将产品特性、属性与对客户的重要性联系起来。该技术提供了一种分析方法,以明确哪些是客户最关注的特性。QFD 将需求分为 3 类:期望需求,即客户或许并未提及,但若缺少,会让他们感到不满意;普通需求;兴奋需求,即实现了会给客户带去惊喜,但若未实现,也不会受到责备(Zultner,1993;Pardee,1996)。

(6) 创建数据字典。数据字典是对系统用到的所有数据项和结构的定义,以确保开发人员使用统一的数据定义。在需求阶段,数据字典至少应定义客户数据项,以确保客户与开发小组使用一致的定义和术语。分析和设计工具通常包括数据字典组件。

(7) 为需求建立模型。需求的图形分析模型是软件需求规格说明极好的补充说明。它们能提供不同的信息与关系,有助于找到不正确的、不一致的、遗漏的和冗余的需求。这样的模型包括数据流图、实体关系图、状态变换图、对话框图、对象类及交互作用图。

3.4 需求规格说明

无论需求从何而来,也不管是怎样得到的,都必须用一种统一的方式将它们编写成可视文档。业务需求要写成项目视图和范围文档。用户需求要用一种标准使用实例模板编写成文档。软件需求规格说明(requirement specification)包含了软件的功能需求和非功能需求。必须为每项需求明确建立标准的惯例,并确定在需求规格说明(SRS)中采用哪些惯例,以确保 SRS 的风格统一,同时读者也会明白怎样解释它。下列章节讨论了关于编写需求文档的内容。

第 8 章:记录业务规范。

第 9 章:采用 SRS 模板;为每项需求注上标号。

第 18 章：指明需求来源；创建需求跟踪能力矩阵。

(1) 采用 SRS 模板。该模板为记录功能需求和各种其他与需求相关的重要信息提供了统一的结构。在组织中要为编写软件需求文档定义一种标准模板。注意，其目的并非创建一种全新的模板，而是采用一种已有的且可满足项目需要并适合项目特点的模板。许多组织一开始都采用 IEEE 830-1998 描述 SRS 模板。模板很有用，但有时要根据项目特点进行适当的改动。

(2) 记录业务规范。业务规范是指关于产品的操作原则，如谁能在什么情况下采取什么动作。将这些业务规范编写成 SRS 中的一个独立部分，或一个独立的业务规范文档。某些业务规范将引出相应的功能需求，这些需求也应能追溯相应业务规范。

(3) 创建需求跟踪能力矩阵。在开发过程中建立一个矩阵把每项需求与实现、测试它的设计和代码部分联系起来。这样的需求跟踪能力矩阵同时也把功能需求和高层的需求及其他相关需求联系起来了。

(4) 指明需求的来源。为了让所有项目风险承担者都明白 SRS 中为何提供这些功能需求，而且要都能追溯每项功能需求的来源，这可能是一种使用实例或其他客户要求，也可能是某项更高层系统需求、业务规范、政府法规、标准或别的外部来源。

(5) 为每项需求注上标号。制定一种惯例为 SRS 中的每项需求提供一个独立的、可识别的标号或记号。这种惯例应当很健全，允许增加、删除和修改。作了标号的需求使得需求能被跟踪，记录需求变更并为需求状态和变更活动建立度量。

3.5 需求验证

为了确保需求说明准确、完整地表达必要的质量特点，需要进行验证。当阅读软件 SRS 时，可能觉得需求是对的，但其有时却与现实相反。当以需求说明为依据编写测试用例时，你可能会发现说明中的二义性。因此，所有这些都必须改善，因为需求说明要作为设计和最终系统验证的依据。客户的参与在需求验证(requirement verification)中占有重要的位置，第 14 章还将进一步讨论。

(1) 审查需求文档。对需求文档进行正式审查是保证软件质量很有效的方法。组织一个由不同代表(如分析人员、客户、设计人员、测试人员)组成的小组，对 SRS 及相关模型进行仔细检查。另外，在需求开发期间做非正式评审也是有所帮助的。

(2) 以需求为依据编写测试用例。根据用户需求所要求的产品特性写出黑盒功能测试用例。客户通过使用测试用例，以确认是否达到了期望的要求。还要从测试用例追溯回功能需求，以确保没有需求被疏忽，并且确保所有测试结果与测试用例一致。同时，要使用测试用例验证需求模型的正确性，如对话框图和原型等。

(3) 确定合格的标准。让用户描述什么样的产品，才算满足他们的要求和适合他们使用的产品。将合格的测试建立在使用情景描述或使用实例的基础之上(Hsia et al.,1997)。

(4) 编写用户手册。在需求开发早期即可起草一份用户手册，用它作为需求规格说明的参考并辅助需求分析。用浅显易懂的语言描述出所有对用户可见的功能。而辅助需求(如质量属性、性能需求及对用户不可见的功能)则在 SRS 中予以说明。

3.6 需求管理

完成需求说明之后，不可避免地还会遇到项目需求的变更。有效的变更管理需要对变更带来的潜在影响及可能的成本费用进行评估。变更控制委员会与关键的项目风险承担者要进行协商，以确定哪些需求可以变更。同时，不管是在开发阶段，还是在系统测试阶段，都必须跟踪每项需求的状态。

建立起良好的配置管理方法是进行有效需求管理(requirement management)的先决条件。许多开发组织使用版本控制和其他管理配置技术管理代码，所以也可以采用这些方法管理需求文档。需求管理的改进也是将全新的管理配置方法引入项目的组织中的一种方法。下列章节讨论需求管理涉及的各种技术。

第 16 章：建立需求基准版本和需求控制版本文档。

第 17 章：确定需求变更控制过程；建立变更控制委员会。

第 18 章：进行需求变更影响分析；跟踪所有受需求变更影响的工作产品。

第 19 章：使用需求管理工具。

(1) 确定需求变更控制过程。确定一个选择、分析和决策需求变更的过程。所有的需求变更都须遵循此过程，商业化的问题跟踪工具都能支持变更控制过程。

(2) 使用需求管理工具。商业化的需求管理工具能帮助你在数据库中存储不同类型的需求，为每项需求确定属性，可跟踪其状态，并在需求与其他软件开发工作产品间建立跟踪能力联系链。

(3) 跟踪每项需求的状态。建立一个数据库，其中每一条记录保存一项功能需求。保存每项功能需求的重要属性，它包括状态(如已推荐的、已通过的、已实施的、已验证的)，这样，在任何时候都能得到每个状态类的需求数量。

(4) 建立需求基准版本和需求控制版本文档。确定一个需求基准，这是一致性需求在特定时刻的快照。之后的需求变更遵循变更控制过程即可。每个版本的需求规格说明都必须是独立说明，以避免将底稿和基准或新旧版本相混淆。最好的办法是使用合适的配置管理工具在版本控制下为需求文档定位。

(5) 跟踪所有受需求变更影响的工作产品。当进行某项需求变更时，参照需求跟踪能力矩阵找到相关的其他需求、设计模板、源代码和测试用例，这些相关部分可能也需要修改。这样能减少因疏忽而不得不变更产品的机会，这种变更在变更需求的情况下是必须进行的。

(6) 维护需求变更的历史记录。记录变更需求文档版本的日期以及所做的变更、原因，还包括由谁负责更新和更新的新版本号等。版本控制工具能自动完成这些任务。

(7) 衡量需求稳定性。记录基准需求的数量，每周或每月的变更(添加、修改、删除)数量。过多的需求变更是"一个报警信号"，意味着问题并未真正弄清楚，项目范围并未很好地确定下来或是政策变化较大。

(8) 建立变更控制委员会。组织一个由项目风险承担者组成的小组作为变更控制委员会，由他们确定进行哪些需求变更，此变更是否在项目范围内，评估它们，并对此评估做出决策，以确定选择哪些和放弃哪些，并设置实现的优先顺序，制定目标版本。

(9) 进行需求变更影响分析。应评估每项选择的需求变更，以确定它对项目计划安排和其他需求的影响。明确与变更相关的任务并评估完成这些任务需要的工作量。这些分析有助于变更控制委员会做出更好的决策。

3.7　项目管理

软件工程管理方法本质上与项目的需求过程是紧密相关的。项目计划建立在功能基础之上，而需求变更会影响这些计划。因此，项目计划应能允许一定程度的需求变更或项目范围的扩展。如果刚开始需求不能确定，则可以选择一种软件开发方法生存周期，以允许这种不确定性，并在清楚要求后逐渐实施。需求工程项目管理(project management)方法更详细的内容将在以下章节讨论。

第 5 章：编写文档，管理与需求相关的风险。

第 15 章：基于需求的项目计划。

第 16 章：记录需求开发和管理中的工作。

(1) 编写文档，管理与需求相关的风险。采用自由讨论的方法并将与需求相关的项目风险编写成文档。利用各种方法减轻或阻止这些风险，实施这些方法并跟踪其发展及效果。

(2) 选择一种合适的软件开发方法生存周期。经典的瀑布法软件开发生存周期只适用于需求说明在项目早期即可全部完成的情况。组织应根据不同类型的项目和需求说明的不同程度选择几种不同的方法(McConnell，1996)。如果需求说明在项目早期无法全部确定，则从最清晰易懂的需求开始，建立一个健壮的可修改的结构，再逐渐增加补充。实现了部分特性的产品可作为早期版本发布(Gilb，1998)。

(3) 跟踪需求工程所消耗的工作量。记录需求开发和管理活动花费的工作量。利用这些数据可以评估计划的需求活动是否已达到期望的要求，并可以为将来项目的需求工程提

供更好的所需资源的计划。

(4) 发生需求变更时协商项目约定。当在项目中添加新的需求时，估计一下是否能在目前安排下利用现有资源保质保量完成。如果不能，则将项目的实现与管理联系起来，协商一下新的、切实可行的约定(Humphrey，1997)。如果协商不成功，则将可能的后果和更新项目风险管理计划联系起来，以反映对项目成功的新的不利因素。

(5) 基于需求的项目计划。随着需求细节不断变得清晰、完善，项目开发计划的进度安排将会不断改变。一开始可以根据项目视图和范围对开发功能需求所需的工作量进行估算，建立在不甚完善的需求基础之上的成本、进度安排的估计很不可靠，但随着需求说明的完善，估计也会得到不断改善。

接下来要做的事情如下：

- 回到第1章的"下一步"中，你已明确了与需求有关的一些问题。本章提供的实践方法可能有助于解决这些问题。针对建议的每种方法，要在组织中发现可能给其实现带来困难的障碍。
- 将在先前步骤中被确认为好的需求方法整理成一张表。针对每个方法，指明做项目的能力水平：专家、熟练者、生手或新手。如果队伍中无一人熟练，就得要求项目的某个参与者学习更多的知识，并将他所学的知识教给队伍中的其他人。

第 4 章　改进需求过程

可以把我们提到的需求工程中的好方法应用到实践中。把理论方法付诸实践是改进软件过程(process)的核心。改进的过程是烦琐、错误多发的,人们只有经过诸多的发现问题、改进方案这样的过程,才能推动软件进步。

软件开发过程的改进有以下两个主要目标:

- 解决在以前项目或目前项目中遇到的问题。
- 防止和避免可能在将来项目中会遇到的问题。

由于软件的应用群体是面向大项目、不同的客户群、紧迫的进度安排或全新的应用领域,因此应该知道其他一些很有价值,也颇有效的需求工程方法,并把它们应用到软件工程中。

本章介绍了需求与其他主要的项目过程和风险承担者之间的联系、关于软件开发过程改进的一些基本概念,并推荐了一种经改进的生存期。

4.1　需求与其他项目过程的联系

需求是软件项目成功的核心,它为其他许多技术、管理活动奠定了基础。变更需求开发和管理方法将对其他项目过程产生影响,反之亦然。需求与其他项目过程的关系如图 4-1 所示。

下面简要介绍各过程间的接口。

(1) 制订项目计划。需求是制订项目计划的基础。因为开发资源和进度安排的估计都要建立在对最终产品的真正理解之上。通常,项目计划指出所有希望的特性不可能在允许的资源和时间内完成,因此,需要缩小项目范围或采用版本计划对功能特性进行选择。

(2) 项目跟踪和控制。监控每项需求的状态,以便项目管理者能发现设计和验证是否达到预期的要求。如果没有达到,管理者通常请求变更控制过程进行范围的缩减。

(3) 变更控制。在需求编写成文档并制定基线以后,所有接下来的变更都应通过确定

的变更控制过程进行。变更控制过程能确保：

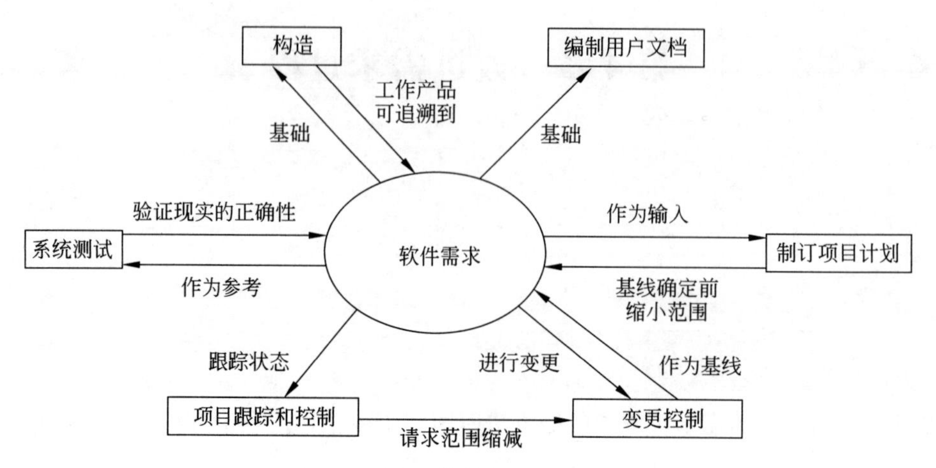

图 4-1　需求与其他项目过程的关系

- 变更的影响是可以接受的。
- 受到变更影响的所有人都接到通知并明白这一点。
- 由合适的人选做出接受变更的正式决定。
- 资源按需进行调整。
- 保持需求文档是最新版本并是准确的更新文档。

(4) 系统测试。用户需求和功能需求是系统测试的重要参考。如果未说明清楚产品在多种多样条件下的期望行为，系统测试者将很难明确正确的测试内容。反过来说，系统测试是一种方法，可以验证计划中所列的功能是否按预期要求实现了，同时也验证了用户任务是否能正确地执行。

(5) 编制用户文档。产品的需求是编写文档的重要参考，低质量和拖延的需求会给编写用户文档带来极大的困难。

(6) 构造。软件项目的主要产品是交付可执行软件，而不是需求说明文档。但需求文档是所有设计、实现工作的基础。要根据功能要求确定设计模块，而模块又要作为编写代码的依据。采用设计评审的方法确保设计正确地反映了所有的需求。而代码的单元测试能确定是否满足了设计规格说明和是否满足了相关的需求。跟踪每项需求与相应的设计和软件代码。

4.2　软件需求对其他项目风险承担者的影响

当软件开发组改变他们的需求过程时，与其他项目风险承担者沟通的接口也会发生变化。图 4-2 说明了一些外部组织功能，这些功能是通过一定的接口与软件开发组联系的，这些接口对项目需求活动起着重要作用。

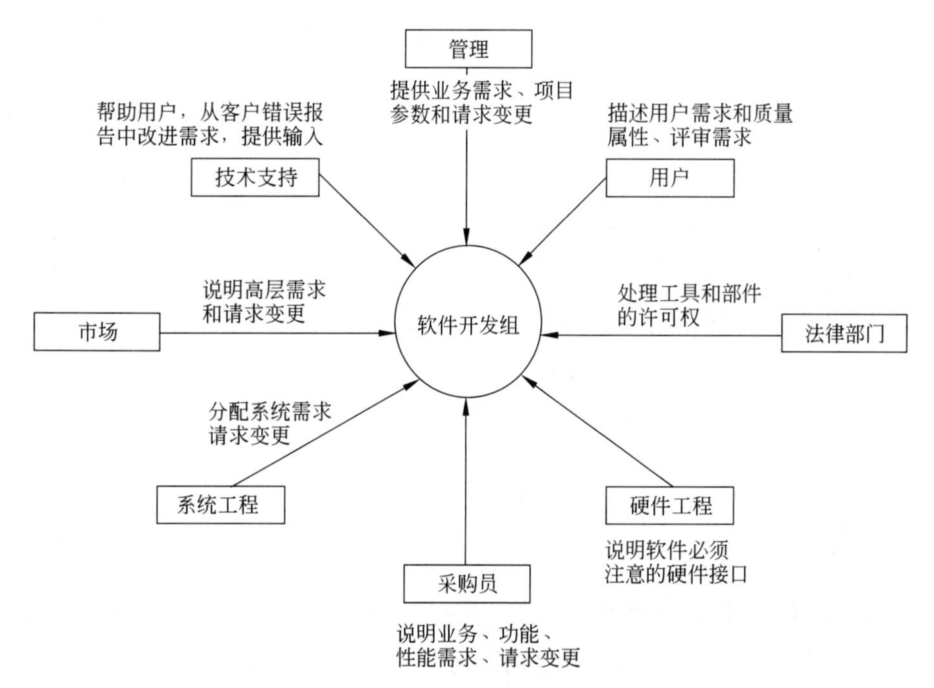

图 4-2 软件开发组与其他组织间的重要需求接口

为能顺利进行这些接口操作，要与其他领域的合作者多交流，让他们知道你的改进想法和调整计划。要向他们说明改进后的新过程会带来什么好处。对于你的改变，要向客户解释清楚改变后带来的有利之处，让客户能够接受它们。

向各个功能领域的人说明你需要从他们那里获取的信息和帮助，从而有助于成功地开发整个产品。在开发过程中要遵从开发组与其他功能领域之间重要交流接口的规范和内容，如系统需求规格说明文档或市场需求文档。通常，重要项目的文档从写作者角度是严格规范的，但往往不能给客户提供他们真正需要的全部信息。

另一方面，询问其他组织需要从开发组中获取什么，以有助于他们的工作。技术可行性方面，哪些能帮助市场部更好地完成产品计划？什么样的需求状态报告能使管理者更充分地看清楚项目的进展情况？与系统工程部之间怎样合作，才能确保系统需求在软、硬件间的分配合理？努力在开发组和其他需求过程风险承担者之间建立合作关系，以便所有人都能更有效地促进项目成功。

大家更喜欢处在不变的环境里，因此，当你进行变更需求分析时，可能面临抵制与反对的问题。要做好思想准备，尽量理解这些反对的缘由，以便你既能尊重、又能化解这些问题。反对改变是由于人们对未知产生恐惧的心理，因此你需要向他们阐明在改变的过程中会产生哪些更好的结果，以便于大家能够理性地接纳你提出的改变。很可能你将遇到以下情况：

• 需求变更控制过程可能被看成变更是很难进行的一个障碍而被丢弃。实际上，它提

供了结构化和有条理的变更过程,并使得知道的人能做出更好的业务决定。你的任务是要确保变更过程真正能起作用。如果新的过程不能带来更好的结果,那大家将会“绕道而行”了。

- 一些开发人员把编写和审查需求文档看作浪费时间的官僚做法,妨碍他们的“真正工作”——编写代码。如果你能向他们讲清一旦发生重写代码所带来的惨重代价,开发人员和管理人员将更容易明白为什么需要做好需求工作。
- 如果客户支持的费用没有和开发过程联系起来,开发小组可能会缺少变更的动力,因为他们并不会因最终产品的低质量而有损失。
- 如果改进后的需求过程的目标是通过创建高质量产品以减少技术支持费用,那么提供技术支持的管理者可能会感觉受到威胁。

4.3 软件过程改进的基础

阅读这本书可能是因为你想改变目前在需求工程中采用的一些方法。在为优秀的需求而努力工作时,请铭记下面 4 条改进软件的原则(Wiegers,1996):

(1) 改进过程应该是革命性的、彻底的、连续的、反复的,不要期望一次就能改进全部过程,并且要能接受第一次尝试变更时,可能并没做好每一件事。不要奢求完美,要从某一些过程的改进、实施开始。当你有一些新技术的经验后,可逐渐调整你的方法。

(2) 人们和组织机构都只有在他们获得激励时才愿意变更,而变更引起的最强烈的刺激是痛苦。我的意思并不是要人为制造痛苦(如管理者强加的进度压力使开发人员工作异常痛苦),而是你曾在以前项目中真正经历过的不好的工作经历。这些痛苦的激励作用远远超过管理者说:“这本书告诉我们必须做这些新的事情,因此让我们开始吧!”下面是一些历史问题的例子,也许能为需求过程的变更提供驱动力:

- 项目没有时限,因为需求说明变得超乎想象的复杂。
- 开发人员不得不超时工作,因为误解或二义性的需求直到开发后期才发现。
- 系统测试白费了,因为测试者并未明白产品要做什么。
- 功能都实现了,但由于产品的低性能、使用不方便或其他因素,用户不满意。
- 维护费用相当高,因为客户的许多增强要求在需求获取阶段未提出。
- 开发组织落得交付一项客户并不想要的产品的名声,声誉受损。

(3) 过程变更是面向目标的。在开始运用高级过程之前,先确保你知道变更的目标。是想减少需求问题引起返工的工作量,还是想更好地控制需求变更,或是想在实施中不遗漏某项需求?有一份明确规定的实施蓝图将有助于在改进过程中取得成功。

(4) 将改进活动看作一些小项目。许多改进活动一开始就失败了,因为缺乏计划或是

因为所需资源并未给予。为避免这些问题，可把每个改进行为看作一个项目，把改进所需的资源和任务纳入工程项目的总计划中。执行计划、跟踪、衡量和报告那些已在软件开发项目中所做的改进，缩减改进项目的规模。为每个过程改进领域写一份活动计划。跟踪风险承担者们执行计划的情况，判断是否获得了预期的资源并知道改进过程实际消耗的费用。

4.4 过程改进周期

图4-3说明了软件开发过程改进的周期。这个周期反映出在活动前知道自己处于哪个阶段的重要性，为改进活动制订计划的必要性以及从自己经验中所学到的持续过程改进的重要性。

制订活动改进计划

活动计划

新的过程，实验结果，获得经验

计划下一步

新过程是否达到预期目标?

改进周期

创建、实验和实施新过程

评估结果

实施情况怎样

活动计划的效果

图4-3 软件开发过程改进的周期

4.4.1 评估当前采用的方法

任何改进过程的第一步，都应当是找出其优势和缺陷所在。评估本身不能带来任何改进，但能提供信息，可为你正确选择变更奠定基础。可以用不同的方法评估当前过程。如果你已在尝试前面章节末尾的“下一步”，那你已经开始对你的需求方法及其结果在进行非正式的评估了。设计自我评价问卷是一种系统方法，它能以较低的费用对当前过程进行评估。

一种更彻底的方法是让来自外部的顾问客观地评估你目前的软件开发方法。这种正式过程的评估方法要以一种已建立的过程改进框架工作为基础，如软件工程研究所(CMU/SEI,1995)开发的软件能力成熟度模型(CMM)。评估者将会检查软件开发和管理过程，而不限

于需求活动。要根据你想通过的过程改进取得的业务目标选择评估方法,不要过多担心。

要将注意力更多地放在对将来项目的成功带来最大风险和困难的领域。自我评估中的每一个问题都是本书中某一章节的主要论题。

正式的评估将获得一个列表——关于目前方法的长处和短处的说明以及关于改进机会的说明与推荐。不正式的评估(如自我评估问卷),能使你了解并有助你选择改进领域。分析所考虑的每一项改进活动,以确保它能在允许费用下实施。选择那些可能给投资带来相当回报的改进活动。

4.4.2 制订改进活动计划

考虑制订出描述组织整个软件过程改进初始工作的战略计划和在各个特定改进领域的战术行动计划,正如你收集需求时采用的方法。每项战术行动计划应该指明改进行动的目标、风险承担者和一些必须完成的活动条目。如没有计划,则更容易疏忽比较重要的任务。计划也提供了跟踪过程的方法,使你能监控各活动条目的完成情况。

图 4-4 是一个软件开发过程改进的活动计划模板。在每一个活动计划中不要超过 10 个条目,这样使得计划简单,易于取得早期成功。例如,一个需求管理改进的计划包括如下活动条目:

需求过程改进的活动计划

项目:
<项目名称>

日期:
<编写计划的日期>

目标:
<成功执行这份计划后希望达到的一些目标。说明业务方面的目标,而不是说明过程变更方面的目标 :>

成功度量:
<描述这样确定过程变更是否达到了预期要求。>

组织受影响的范围:
<说明在本计划中所描述的过程变更带来影响的广度。>

人员和风险承担者:
<明确谁实施该计划,每个人的角色,以及投入时间承诺(以小时 /周或百分比为基础计算)。>

跟踪和报告过程:
<说明怎样跟踪计划中的活动条目进展情况,以及报告其状态结果等。>

依赖、风险和限制:
<明确对计划成功有帮助或有阻碍的各种外部因素。>

估计所有活动的完成日期:
<希望该计划什么时候完成?>

活动条目:
<为每个活动计划写出了3~10个活动条目。>

活动条目	负责人	截止日期	目标	活动描述	结果	所需资源
<顺序号>	<负责人>	<目标日期>	<本活动条目的目标>	<实施活动条目要采取的行为>	<建立规程、模板或其他过程评估方法>	<各种所需的外部资源:包括物质材料、工具、文档或其他人员>

图 4-4 软件开发过程改进的活动计划模板

(1) 起草一个需求变更控制过程草案。

(2) 评审并修改变更控制过程。

(3) 以一个项目 A 实验(pilot)变更控制过程。

(4) 以实验反馈为基础修改变更控制过程。

(5) 评估问题跟踪工具并选择其一支持变更控制过程。

(6) 定制并购买问题跟踪工具,以支持变更控制过程。

(7) 在组织中使用新的变更控制过程和工具。

要将任务精确地分配给小组中的某个人,即确定负责人。

如果你需要的活动条目多于 10 条,则先把注意力放在最重要的条目上,然后再处理其他条目。变更是周期性反复的。之后介绍的过程改进蓝图将说明怎样才能把多个改进活动组成一个完整的软件开发过程改进计划。

4.4.3 建立、实验和实施新的过程

当已起草活动的计划时,接下来重要的一步是实施计划。许多情况下很多计划还未实施便不了了之,这样的情况数不胜数。

实施一项活动计划意味着开发新的、更好的方法,并且相信它能提供一个比目前过程更好的结果。当实现的时候,并不是想象中的那么完美,你需要在不断的改进过程中使它完美。因此,要为建立的新过程或文档模板计划一个“实验”。运用在实验中获取的经验调整新技术,这样将它运用于整个目标群体时,改进活动会更有效果。以下是关于引导实验的建议:

- 选择实验参与者(participant),他们将尝试新方法并提供反馈信息,这些参与者可以是生手,也可以是老手,但他们不应该对过程改进持有强烈的反对意见。
- 确定用于评估实验的标准,使得到的结果易于解释。
- 通知需要知道实验是什么以及为什么要实施的工程风险承担者。
- 考虑在不同的项目中实验新过程的不同部分。用这个方式可使更多的人尝试新方法,因此能提高认知水平,增加反馈信息。
- 作为评估的一部分工作,询问实验参与者,如果他们不得不回头采用他们原有的工作方法,他们会觉得怎样?

进步是时间堆积起来的,不要对刚起步的项目提太高的要求。编写一个实施计划,明确将怎样把新方法运用于整个项目组以及你能提供的训练和支持,同时也要考虑管理者怎样阐明他们对新过程的期望。一种正式的关于需求工程和需求管理的文件通常要阐述清楚管理人员的任务和期望(CMU/SEI,1995)。

4.4.4 评估结果

最后一步是评估已实施的活动及取得的成果。这样的评估有助于在将来的改进活动中做得更好。评估实验工作进行得如何,采用新过程解决问题是否很有效,下一次在管理过程实验工作时是否需要稍作变更。

同时也要考虑整个新过程在群体中执行的情况。我们将会遇到以下问题：是否能使每个人都明白新过程或模板的好处？参与者是否理解并成功地应用了新过程？是否在下次工作中需要有所变更？

其中关键的一步是评估新实施的过程是否带来了期望的结果。尽管有一些新技术和管理方法都带来明显的改进,但更多的却需要时间证明其全部的价值。例如,如果你实施一种新过程处理需求变更,你就能很快看到项目变更以一种更规范的方式在进行。然而,一个新的 SRS 模板需要一段时间证明其价值,因为分析人员和客户已习惯了一种需求文档的格式。给予新方法足够的运行时间,选定能说明每项过程变更成功与否的衡量标准。

要接受学习曲线的事实。当从业者(practitioner)花费时间学习新方法时,生产率会降低,如图 4-5 所示。这种短期的生产率降低是组织进行过程改进的一部分投入。如果你不理解这一点,可能在得到回报之前就半途而废了,白白损失了投入而没有回报。对你的管理人员和同事进行有关学习曲线的教育,并使其明白：采用高级的需求过程,将会获得更广泛的项目和业务回报。

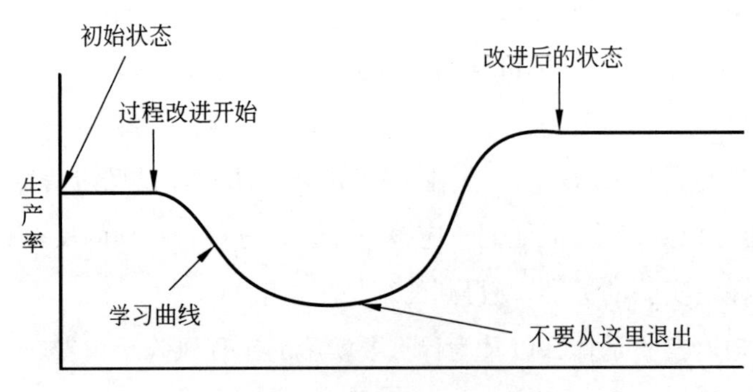

图 4-5　过程改进学习曲线

4.5 需求过程的积累材料

如果想要项目不断取得满意的结果,需要有效地执行需求工程的各个过程：信息获取、分析、编写规格说明、验证以及管理。为了执行这些步骤,应当把过程中积累的材料收集起来。过程包含已完成的活动和可交付的产品。过程中积累的材料有助于小组成员一致而有效地执行过程，还有助于大家理解他们遵从的步骤及要开发的产品。积累的材料包括下面几种类型的文档。

检查清单：清单列出各项活动，交付的结果和其他应注意或验证的条目。检查清单是用来提示记忆的，有助于确保处于忙碌中的工作人员不要忽略重要细节。

实例：一种特定类型工作产品的代表，积累能在你组织中运用的更好的实例。

计划：概括说明怎样完成目标与完成时需要什么样的文档。

方针：确立活动期望、产品期望和交付产品期望的指导原则，过程都应遵从的方针。

过程：描述完成某个活动的任务顺序或步骤，说明要执行的任务及其在项目中扮演的角色。不要包括示范信息。

过程描述：一组完成某些目的活动文档的定义。过程描述应包括过程目标、里程碑、参与者和执行任务的适合时间、交流步骤、期望结果，以及与过程相关的输入和输出数(Caputo，1998)。

模板：一种完成整个工作产品的指导方式。重要工程文档的模板提醒你检查是否遗漏了什么。一个结构很好的模板提供了许多捕获和组织信息的栏目(slot)。模板中包含的指导信息将帮助文档作者有效地使用它。

图4-6指出一些过程中应积累的材料，使需求开发和需求管理能在项目中更有效地进行，没有哪个软件过程规则书会说你必须拥有所有这些条目，但它们对你的整个需求开发和管理过程会有帮助。

需求开发过程的积累材料	项目视图与范围模板
	需求开发过程
	需求分配过程
	使用实例模板
	SRS 模板
	需求优先级确定过程
	SRS 和使用实例审查清单
需求管理过程的积累材料	变更控制过程
	变更控制委员会(CCB)过程
	需求变更影响分析清单和模板
	需求状态跟踪过程
	需求跟踪能力矩阵模板

图4-6　需求开发和管理的重要过程的积累材料

图4-6列出的过程并不需要写在独立的文档中。例如，一个完整需求管理过程的描述可以包括变更控制过程、状态跟踪过程和影响分析清单。

下面是对图4-6中所列条目的简要说明，在相关的章节有详细介绍。请记住，每项工程都应调整组织的过程来满足其需要。

4.5.1 需求开发过程的积累材料

1. 项目视图与范围模板

项目视图与范围模板明确了项目的概念性功能，并提供了确定需求优先级和变更的参考。项目视图与范围模板是简明扼要的、高度概括的新项目业务需求说明。用统一的方式编写项目视图与范围模板能确保在项目进行过程中做决定时考虑到所有应考虑的情况。第 6 章将推荐一个需求视图与范围文档的模板。

2. 需求开发过程

该过程介绍了怎样确定客户及从客户那里获取需求的技术，也描述了项目需要创建的各种需求文档和分析模型。这个过程还指明了每项需求包含的信息种类，如优先级、预计的稳定性或计划发行版本号，同时还应指明需求分析及需求文档检验需要执行的步骤，以及确认 SRS 和建立需求基线的步骤。

3. 需求分配过程

把高层的产品需求分成若干特定子系统是非常重要的，尤其是当开发的系统既含有软件，又含有硬件，或是包括多个子系统的软件产品时尤为重要（Nelsen，1990）。需求分配是在系统级需求完成和系统体系结构确定后才进行的，这个过程包含的信息是怎样执行分配，以确保功能分配到合适的系统组件中，同时也说明分配的需求怎样才能追溯回它们的上两级系统需求以及在其他子系统中的相关需求。

4. 使用实例模板

使用实例模板提供了一种把每项用户希望使用软件系统完成的任务编写成文档的标准方法。使用实例定义包括一个简要的任务介绍，必须处理的异常情况的说明和描述用户任务特点的附加信息。使用实例可作为 SRS 中一条独立的功能需求。另外，也可将使用实例与 SRS 模板合并为一个文档，既包括产品的使用实例，又包括软件功能需求。第 8 章将介绍一种使用实例模板。

5. SRS 模板

SRS 模板提供了一种组织功能需求和非功能需求的结构化方法。采用标准的 SRS 模板有助于创建统一且高质量的需求文档。可能要采用多个模板，以适应组织承担的不同类型和规模的项目，这样可减少因一种“万能”模板并不适合你的项目所带来的障碍。第 9 章将介绍一种 SRS 模板样例。

6. 需求优先级确定过程

我的一个朋友 Matt 把软件项目的最后阶段称作“快速缩减范围阶段（rapid descoping phase）”，此时为满足进度时限要求，计划的功能不得不放弃。我们需要知道哪些性能、使用

实例或功能需求的优先级最低，以便在任何阶段都可适当缩减范围。第 13 章将介绍优先级确定过程及一种工具，它能综合考虑需求对客户的价值、相应的技术风险及实施成本费用。

7. SRS 和使用实例审查清单

对需求文档的正式审查是保证软件质量的一项重要措施。审查清单指出在需求文档中发现的一些错误。在审查会议的准备中运用清单将使你的注意力集中到通常存在问题的地方。第 14 章将介绍 SRS 和使用实例审查清单样例。

4.5.2 需求管理过程的积累材料

1. 变更控制过程

变更控制过程能够减少因无休止、失控的需求变更引起的混乱。它明确了一种方法来提出、协商、评估一个新的需求或在已有需求上的一项变更。变更控制通常需要问题跟踪工具的支持，但请铭记工具并不能替代过程。第 17 章将详细介绍变更控制过程。

2. 变更控制委员会(CCB)过程

CCB 由风险承担者的主要成员组成，对提出的需求变更决定执行哪一项，拒绝哪一项，以及在各产品发行版本中包括哪些变更。CCB 过程描述了 CCB 的组成及操作过程。CCB 的主要活动是对提出的变更进行影响分析，为每项变更做出决定，并且告知那些将受到影响的人。第 17 章会进一步讨论 CCB 的组成及功能。

3. 需求变更影响分析清单和模板

估计提出的需求变更的成本费用和影响是决定是否执行变更的重要步骤。影响分析能帮助 CCB 做出正确的决定。如在第 18 章中说明的，影响分析清单包括许多自问自答型的问题，如：要考虑到可能的任务、边界影响、实施所确定的变更引起的相关的潜在风险。一张参与人员工作表可以作为估计任务工作量的简单方法，从这里就能明白确认变更的复杂性。第 18 章将还提供一个用于展示执行需求变更影响分析结果的模板样例。

4. 需求状态跟踪过程

需求管理包括监控和报告每项功能需求的状态和状态改变的条件。你需要一个数据库或一种商业需求管理工具跟踪一个复杂系统中大量的需求状态。此过程也描述了当你随时查看收集到的需求状态时输出的报告格式。如要获得关于需求状态跟踪方面更多的内容，请参见第 16 章。

5. 需求跟踪能力矩阵模板

需求跟踪能力矩阵列出了 SRS 中的所有功能需求及相应的设计模块，源文件和实施需求的过程，还有验证需求实施正确性的测试用例。跟踪能力矩阵应该也可以指出对应的上一层用户需求或系统需求。第 18 章将具体介绍需求跟踪能力。

4.6　需求过程改进路标

要知道改进你们组织的整个需求工程过程可不是一件小事。毫无计划地进行改进很容易失败。所以，应当为实施改进需求过程开发一个路标。该路标应是软件开发过程改进战略计划的一部分内容。如果你已尝试进行前面介绍的评估方法，说明你已对采用的技术过程的优点及存在的缺陷有了一定的了解。所以，现在需要对这些改进活动排序，以便能用最少的投资得到较大的收益。过程改进流程图描述了改进活动的一种前后次序。

因为有各种不同的情况，所以不可能提供一种"万能"的路标。公式化的方法不能替代思考和常识，图 4-7 为一个组织改进它的需求过程的路标。期望的业务结果写在图右边的方框里。主要的改进活动在其他方框里，一些中间的里程碑(圆圈)指明了取得的期望业务目标。从左到右实施每组改进活动。一旦已经建立了一个类似的路标，让一个人负责一个里程碑活动，他得为获得里程碑制订活动计划，然后把计划付诸实践！

下一步：

- 完成附录中前需求实践的自我评估。以你目前实践缺陷的影响严重程度为基础，确定需求过程的 3 个最佳改进机会。
- 确定图 4-6 中列出的哪项需求工程的积累材料在你组织中还没有，但你认为会很有用。
- 在前面两步的基础上，建立一个需求过程改进路标。说服组织中的某个人负责某项里程碑活动。让每位负责人写一份活动计划，用于实施活动，采用图 4-4 中介绍的活动计划模板。当实施计划时，跟踪各活动条目的进展情况。

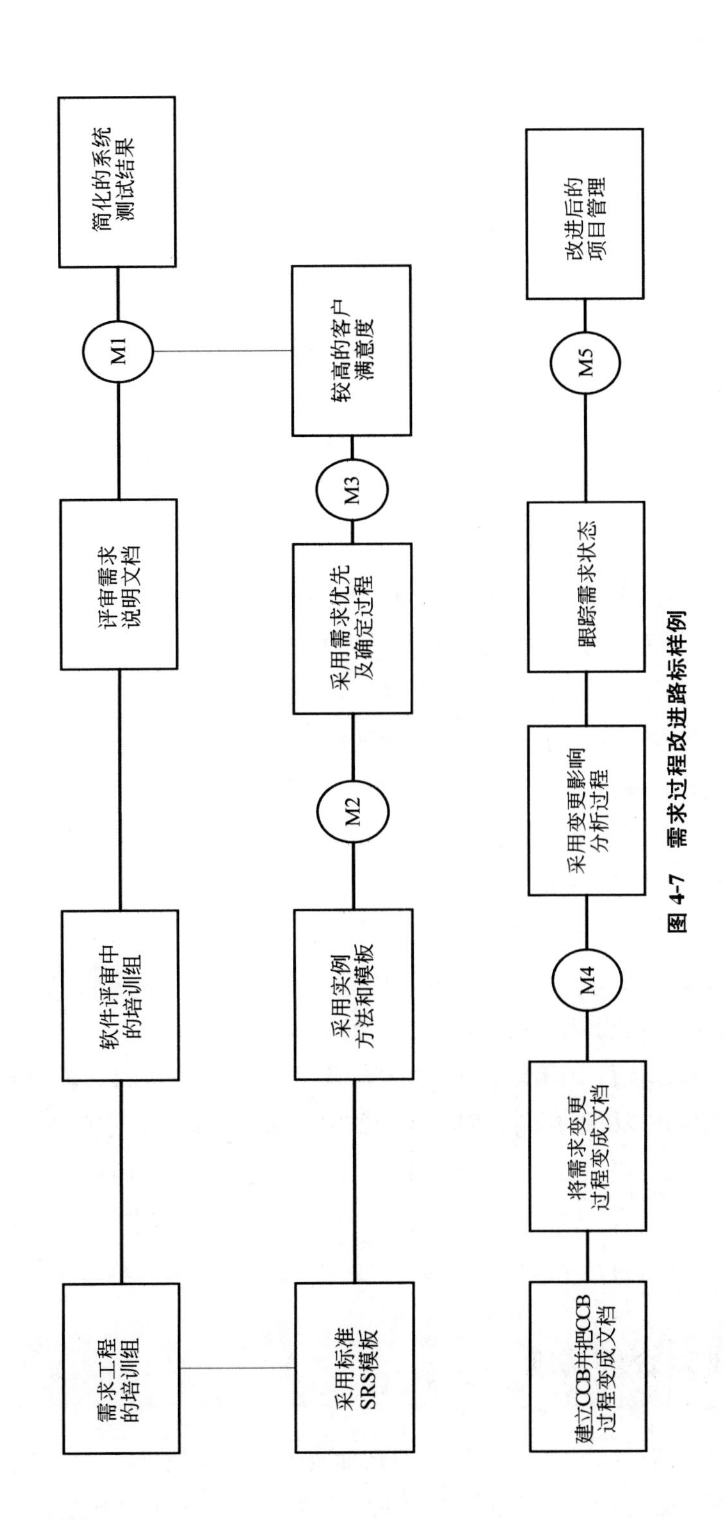

图 4-7　需求过程改进路标样例

第5章　软件需求与风险管理

引例三

负责 Contoso 制药公司“生物制品跟踪系统”的项目管理人员 Dave 会见他的首席程序员 Helen 和首席测试员 Ramesh。

很多情况下，现实总是与我们的想象有所违背，工程师也不例外。软件项目管理者必须明确和控制项目风险，并且要从需求工程的风险开始进行。

所谓风险，是可能给项目的成功带来威胁或损失的情况。有些问题还未发生，但存在潜在的隐患，对于这样的问题，我们不得不未雨绸缪，从隐患根处解决它，防止风险发生，隐形地节约财产和时间的成本。而风险管理——一种软件工业的最佳方法——就是在风险给项目带来损失之前，就指明、评估，并对风险加以控制。如果不希望发生的事已经发生，那就不再是风险，而是事实了，只好通过项目事务 (ongoing)状态跟踪和校正过程处理当前的问题。

正如没有人能确切地预测未来，风险管理也仅是让你采取一些措施尽可能减少潜在问题发生的可能性或减少其带来的影响。风险管理的意思是在一种担忧转变为危机或实际困难之前处理它。这将提高项目成功的可能性且可减少不可避免的风险造成的损失。处于个人控制领域之外的风险应由相应层次的管理者负责。

由于需求说明在软件项目中扮演着一个核心的角色，故精明的项目管理者会在初期就指明与需求相关的风险并积极地控制它们。典型的需求风险包括对需求的误解、不恰当的用户参与、不确定或随意变更项目的范围和目标以及持续变更需求。项目管理者只能通过与客户或客户代表(如市场人员)的合作控制需求风险。合作编写需求风险文档，共同制定减轻风险的措施，增强客户与开发人员之间的合作伙伴关系，这在第 2 章已有介绍。

5.1　软件风险管理基础

除了与项目范围和需求有关的风险外，项目还面临着许多其他风险。项目管理一直面临各种风险挑战：不准确的估计、对准确估计的否决、对项目状态不清楚及资金周转的困难。技术风险威胁着高度复杂或很前沿（leading-edge）的开发项目，缺乏知识是另一种风险源，以及参与者对所用的技术和应用领域很陌生等。强制的或总是变更的政府规范会使一个很好的计划彻底作废。

风险管理是不断查看水平线上是否出现了冰山，而不是以充足的信心认为船不会沉就全速挺进。注意，同其他过程一样，让你的风险管理活动与工程规模相适应。小规模的工程可以只列出一个简单的风险清单，但对于一个大规模项目的成功，正式的风险管理计划非常重要。

5.1.1　风险管理的要素

风险管理就是使用某些工具和步骤把项目风险限制在一个可接受的范围内。风险管理提供了一种标准的方法指出风险并把风险因素编成文档，评估其潜在的威胁，以及确定减少这些风险的战略（Williams et al.，1997）。风险管理要素如图 5-1 所示。

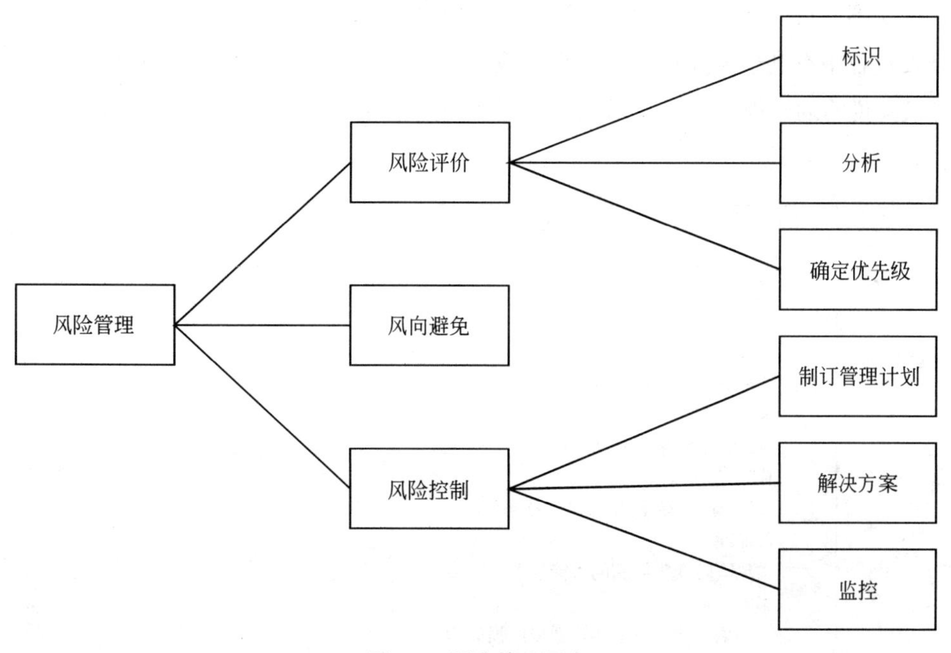

图 5-1　风险管理要素

风险评价（risk assessment）是一个检查工程项目并识别潜在风险区域的过程。可以列举通常的软件项目风险因素，如采取需求风险因素的办法使风险识别（risk identification）更加方便、容易。本章后面描述了一些需求风险因素（Carretal，1993；McConnell，1996）。在风险分析中，应检查一些特定风险对项目可能造成的潜在后果。风险分级（risk prioritization）有助你通过评价每项风险的潜在危害值，优先处理最严重的风险。风险危害值（risk exposure）包括带来损失的可能性大小和潜在损失的规模。

风险避免(risk avoidance)是处理风险的一种方法：尽量别做冒险的事。如果你不承担任何项目，采用成熟而并非处于研究阶段的技术，或者将难以实现的特性都排除在项目外，你就可以避开风险。

但更常见的是，需要采取风险控制(risk control)的方法管理那些已被发现为高优先级的风险。制订风险管理计划是一项处理一旦发生，影响较大的风险的计划，包括降低风险的方法、应急计划、负责人和截止日期。应尽量避免让风险成为真正的问题，或即便问题发生了，也应尽量让其影响降低到最小。风险不能够自我控制，所以风险解决方案就包括了降低、减少每项风险的执行计划。最后，通过风险监控(risk monitoring)跟踪风险解决过程的进展情况。这也是例外的项目状态跟踪的一部分内容。监控可以很好地了解降低风险工作的进展情况，可以定期修订先前风险清单的内容和划分的优先级。

5.1.2　编写项目风险文档

仅认识到项目面临的风险远远不够，应该将其编写成文档并妥善进行管理，这样在整个项目开发过程中有利于风险承担者了解风险情况和状态。图 5-2 提供了一个编写一个条目(item)风险说明的模板。将风险列表（清单)组成一独立文档，以便在整个项目中进行升级和维护。

风险条目跟踪模板
序列号： ＜顺序号＞ 确定日期： ＜风险被识别出的日期＞ 撤销日期： ＜撤销风险确定日期＞ 描述： ＜以“条件-结果”的形式描述风险＞ 可能性： ＜风险转变为问题的可能性 ＞ 影响： ＜如果风险变成事实将造成的损失 ＞ 危害值： ＜可能性×影响＞ 降低风险计划： ＜一种或多种用来控制、避免、最小化及降低风险的方法 ＞ 负责人： ＜解决风险的责任承担者＞ 截止日期： ＜完成降低风险措施的截止日期 ＞

图 5-2　风险条目跟踪模板

编写风险说明时，最好采用“条件-结果”的形式。也就是说，先说明你关心的条件，接着是潜在的有害结果(如果风险成为事实)。最好将这样的说明句子合并成“条件-结果”形式的结构：“如果有些客户不赞同产品的需求说明，那我们只能满足某些主要客户的意见。”而一个条件下可能有多个结果，同时也可能出现多个条件下有同一个结果的情况。

模板能记录风险变为事实的可能性及对项目的消极影响，还有整个的风险危害值(可能性×影响)。可以用 0.1(极不可能)到 1.0(肯定发生)描述可能性，用 1(没什么影响)到 10(有很深、很大的影响)表示影响。将这两个因素相乘即可作为评估风险危害值的依据。

不要试图精确量化风险。你的目标是区分最有威胁的风险和不急需处理的风险。大家可能更愿意用高、中和低估计可能性及影响，但风险条目中至少应有一个为高的风险。

制订降低风险计划以明确控制风险要采取的活动，其中一些策略是尽量降低风险发生的可能性；而另一些策略则是减少风险发生后带来的影响。做计划时要考虑降低风险所耗费用，千万别花费 20000 美元控制一项仅会损失 10000 美元的风险。为每项风险安排一个负责人，并确定完成活动的截止日期。长期或复杂的风险可能需要具有多个阶段性成果的多步骤降低风险策略计划。

降低风险措施的前两条是通过更多的用户参与项目减少风险发生的可能性。而采用原型法则可以利用用户关于界面的早期反馈减少风险的潜在影响。

5.1.3　制订风险管理计划

一个风险列表还不等于一个风险管理计划。对于一个小项目，你可以把控制风险的计划放在软件项目管理计划里。但一个大项目则需要一份独立的风险管理计划，包括用于识别、评估、编写、跟踪风险的各种方法与途径。这份计划还应包括风险管理活动的角色和责任。

项目小组为他们的关键活动制订了计划，却在项目中没有按计划实施或者未能按实际情况进行及时的调整。要坚持按照采取的风险管理活动计划执行。项目的进度安排上也应给风险管理留出足够时间，确保项目在风险计划制订上并未浪费早期投资。工程项目的工作分类细目结构中包括降低风险的活动、状态报告，以及更新风险清单。

和其他项目管理活动一样，需要建立起周期性的监控措施。对有最大危害的风险必须高度重视，并追踪降低风险措施的有效性。当完成一项活动后，重新评估风险的可能性和影响，更新风险清单和其他相关的计划。当控制住原本有很高优先级的风险后，必然有新条目会进入前十条。请记住，不要仅因为完成了一项降低风险的活动而人为增加一条风险进行控制。应当想想你降低风险的方法是否的确减少了风险的危害，使其到了一个可以接受的水平。生物制品跟踪系统的风险条目样例如图 5-3 所示。

生物制品跟踪系统的风险条目样例
序列号：1
确定日期：2019-05-04
撤销日期：
描述：需求获取中无合适用户参与，导致测试之后用户界面的返工
可能性：0.6
影响：7
危害值：4.2
降低风险计划： 1. 在第一阶段早期就要收集易学易用的需求 2. 与产品代表一起召开 JAD 会议，以开发需求 3. 通过与产品代表和顾问进行交流，开发一个包含核心功能的用户界面原型，让产品代表和其他用户评估此模型
负责人：Helen
截止日期：在 2019-06-16 前完成 JAD 会议

图 5-3　生物制品跟踪系统的风险条目样例

以下的风险因素是按需求工程中获取、分析、编写规格说明、验证和管理汇总起来的，并推荐了一些方法用于降低风险发生的可能性或减轻风险发生给项目带来的影响。在你做项目逐渐积累经验过程中，加入你的风险因素清单和减轻风险的策略，使用这里提供的条目可帮助你识别需求风险并采用“条件-结果”的格式书写风险说明。

5.2　软件需求

5.2.1　需求获取

(1) 产品视图与范围。如果团队成员没有对他们要做的产品功能达成一个清晰的共识，则很可能导致项目范围逐渐扩大。因此，最好在项目早期写一份项目视图与范围将业务需求涵盖在内，并将其作为新的需求及修改需求的指导。

(2) 需求开发所需时间。紧张的工程进度安排给管理者造成很大的压力，使他们觉得不马上开始编码将无法按时完成项目，因而对需求一带而过。项目因其规模和应用种类不同(如信息系统、系统软件、商业的或军事的应用)而有很大的不同。

(3) 需求规格说明的完整性和正确性。为确保需求是客户真正需要的，要以用户的任务为中心，应用使用实例技术获取需求。根据不同的使用情景编写需求测试用例，建立原型，使需求对用户来说更加直观，同时获取用户的反馈信息。让客户代表对需求规格说明和分析模型进行正式的评审。

(4) 对革新产品的需求。有时容易忽略市场对产品的反馈信息，故要强调市场调查研究,建立原型,并运用客户核心小组获得革新产品任务的反馈信息。

(5) 明确非功能需求。由于一般强调产品的功能性要求,非常容易忽略产品的非功能性的需求。询问客户关于产品性能、使用性、完整性、可靠性等质量特性,编写非功能需求文档和验收标准,(像在 SRS 中一样)作为可接受的标准。

(6) 客户赞同产品需求。如果不同的客户对产品有不同的意见,那最后必将有些客户会不满意。确定主要的客户,并采用产品代表的方法确保客户代表积极参与,确保在需求决定权上有正确的人选。

(7) 未加说明的需求。客户可能会有一些隐含的期望要求,但并未说明。要尽量识别并记录这些假设。提出大量问题提示客户,充分表达他们的想法、主意和应关注的一切。

(8) 把已有的产品作为需求基线。在升级或重做的项目中,需求开发可能显得不很重要。开发人员有时被迫把已有的产品作为需求说明的来源。"只是修改一些错误和增加一些新特性",这时的开发人员不得不通过现有产品的逆向工程 (reverse engineering)获取需求。可是,逆向工程对收集需求是一种既不充分,也不完整的方法。因此,新系统很可能会有一些与现有系统同样的缺陷。将在逆向工程中收集的需求编写成文档,并让客户评审,以确保其正确性。

(9) 给出期望的解决办法。用户推荐的解决方法往往掩盖了用户的实际需求,导致业务处理的低效,或者给开发人员带来压力,以致做出很差的设计方案。因此,分析人员应尽力从客户述说的解决方法中提炼出其本质核心。

5.2.2　需求分析

(1) 划分需求优先级。划分出每项需求、特性或使用实例的优先级,并安排在特定的产品版本或实现步骤中。评估每项新需求的优先级,并与已有的工作主体对比以做出相应的决策。

(2) 带来技术困难的特性。分析每项需求的可行性,以确定是否能按计划实现。成功好像总是悬于一线的,于是运用项目状态跟踪的办法管理那些落后于计划安排的需求,并尽早采取措施纠正。

(3) 不熟悉的技术、方法、语言、工具或硬件平台。不要低估学习曲线中表明的满足某项需求所需要的新技术的速度跟进情况。明确高风险的需求并留出一段时间从错误中学习、实验及测试原型。

5.2.3　需求规格说明

(1) 需求理解。开发人员和客户对需求的不同理解会带来彼此间的期望差异,将导致最终产品无法满足客户的要求。对需求文档进行正式评审的团队应包括开发人员、测试人

员和客户。训练有素且颇有经验的需求分析人员能通过询问客户一些合适的问题，从而写出更好的规格说明。模型和原型能从不同角度说明需求，这样可使一些模糊的需求变得清晰。

（2）时间压力对TBD（待确定）的影响。给SRS中将来需要进一步解决的需求注上TBD记号，如果这项TBD并未解决，将给结构设计与项目的继续进行带来很大风险。因此，应记录解决每项TBD的负责人的名字，解决的方法以及解决的截止日期。

① 具有二义性的术语。建立一本术语和数据字典，用于定义所有的业务和技术词汇，以防止它被不同的读者理解为不同的意思。特别要说明清楚那些既有普通含义，又有专用领域含义的词语。对SRS的评审能够帮助参与者对关键术语、概念等达成一致共识。

② 需求说明中包括了设计。包含在SRS中的设计方法将对开发人员造成不必要的限制并妨碍他们发挥创造性设计出最佳的方案。仔细评审需求说明，以确保它是在强调解决业务问题需要做什么，而不是在说怎么做。

5.2.4 需求验证

（1）未经验证的需求。审查相当篇幅的SRS是有些令人沮丧，正如要在开发过程早期编写测试用例一样。但如果在构造设计开始之前通过验证基于需求的测试计划和原型测试验证需求的正确性及其质量，就能大大减少项目后期的返工现象。在项目计划中应为这些保证质量的活动预留时间并提供资源。从客户代表方获得参与需求评审的赞同（承诺），并尽早且以尽可能低的成本通过非正式的评审逐渐到正式评审找出其存在的问题。

（2）审查的有效性。如果评审人员不懂怎样正确地评审需求文档和怎样做到有效评审，那么很可能会遗留一些严重的问题，故要对参与需求文档评审的所有团队成员进行培训，请组织内部有经验的评审专家或外界的咨询顾问讲课、授教，以使评审工作更加有效。

5.2.5 需求管理

（1）变更需求。将项目视图与范围文档作为变更的参照可以减少项目范围的延伸。用户积极参与的具有良好合作精神的需求获取过程可把需求变更减少近一半（Jones，1996）。能在早期发现需求错误的质量控制方法可以减少以后发生变更的可能。而为了减少需求变更的影响，将那些易于变更的需求用多种方案实现，并在设计时更要注重其可修改性。

（2）需求变更过程。需求变更的风险来源于未曾明确的变更过程或采用的变动机制无效，或不按计划的过程做出变更。应当在开发的各阶段都建立变更管理的纪律和氛围，当然这需要时间。需求变更过程包括对变更的影响评估，提供决策的变更控制委员会，以及支持确定重要起点步骤的工具。

（3）未实现的需求。需求跟踪能力矩阵有助于避免在设计、结构建立及测试期间遗漏的任何需求，也有助于确保不会因为交流不充分而导致多个开发人员都未实现某项需求。

(4) 扩充项目范围。如果开始未很好定义需求，那么很可能隔段时间就要扩充项目的范围。产品中未说明白的地方将耗费比预料中更多的工作量，而且按最初需求分配好的项目资源也可能不按实际更改后用户的需求而调整。为减少这些风险，要对阶段递增式的生存期制订计划，在早期版本中实现核心功能，并在以后的阶段中逐步增加实现需求。

5.3　风险管理是你的好助手

项目管理人员可以运用风险管理提高对造成项目损失的条件的警惕，在需求获取阶段要有用户积极参与。精明的管理者不仅能认识到它能带来风险的条件，而且将它编入风险清单，并依据以往项目的经验估计其可能性和影响。如果用户一直没有参与，风险危害值将会扩大，以致危害项目的成功。我曾说服管理人员把项目延期是由于缺少用户的积极参与，我告诉他们不能把公司的资金投入一项注定要失败的项目。

周期性的风险跟踪能使管理人员保持对风险危害变化的了解，那些并未得到完全控制的风险能得到高层管理人员的注意。他们要么开始采取一些修正措施，要么不管风险，依旧按原业务决策思路进行。即使风险管理不能控制项目可能遇到的所有风险，也能使你看清形势，做出有所依据的决策。

下一步：

- 明确你当前项目面临的一些与需求有关的风险，不要把当前的问题当作风险，一定要是那些还未发生的事情。将风险因素用“条件-结果”形式编写成文档，正如图 5-2 模板所示的那样。为每项风险至少推荐一种可能的降低风险的方法。
- 召集代表开发、市场、客户和管理各方面的风险承担者召开风险“集体研讨”会议，尽力找出更多与需求有关的风险因素。估计每项风险发生的可能性及其影响，两者乘积就是风险危害值。通过按风险危害值降序排列找到最高的五项风险，为每项风险安排一个负责人负责实施降低风险的活动。

第 6 章　建立项目视图与范围

很多公司都已经成功地引入软件需求文档的正式评审。这些公司已经认识到在评审会议上提出的许多问题都与项目设定的范围有关。参与评审的专家经常难以理解项目设定的范围,并且在项目的最终目标上所持的看法各不相同。因此,他们发现在哪一个功能需求应该列入软件需求规格说明的问题上很难达成一致意见。

正如第 1 章中叙述的,业务需求代表了需求链中最高层的抽象:他们为软件系统定义了项目视图(vision)和范围(scope)。软件功能需求必须根据用户的需求考虑,且要与业务需求所设定的目标一致。不利于实现项目业务目标的需求应该排除在外。一个项目可能包括一些与软件没有直接关系的需求,如硬件的购买、产品的安装、维护或广告。但是,在此我们只关心与软件产品有关的业务需求。

如果一个项目缺乏明确的规划和良好的信息交流途径,那么这个项目将很难完成。如果项目的参与者持有不同的目标和优先权,那么他们只能各抒己见,无法团结合作。如果项目的风险承担者在产品所能满足的业务需要和产品所能提供的服务问题上不能达成一致意见,那么需求绝不会稳定。一个清晰的项目视图和范围可能分散在多个地方开发,在这样的项目中,地理位置上的分离使项目开发组成员必须经常沟通,才能保证他们之间的合作更有效。

业务需求中的某些特性最初被列入规格说明,而后又被删除,最后又加入,说明此业务需求未完全定义好。在确定详细的功能需求之前,必须很好地解决项目的视图和范围问题。对范围和局限性的明确说明很大程度上有助于对所建议特性的探讨和最终产品的发行。一个明确定义了项目视图和范围的文档也可以为所建议的需求变更的决策提供参考。

6.1　通过业务需求确定项目视图

项目视图可以把项目参与者定位到同一个方向上。项目视图描述了产品涉及的各个方面和在一个完美环境中最终具有的功能。范围则描述了产品应包括的部分和不应包括的部分。范围的说明在包括与不包括之间划清了界线，当然，它还确定了项目的局限性。

项目的业务需求在视图上和范围上形成文档，当然这些必须在创建项目之前确定。开发商业软件的公司经常会编写市场需求的各种文档，其实这种文档也是为了达到类似的目的，但这种文档较详细地涉及关于目标市场部分的内容，这是为了适应商业的需要。视图和范围的文档一般掌握在项目的主办者或具有同等地位的人手中。业务需求是从各个不同的人那里收集来的，这些人对于为什么要从事该项目和该项目最终能为业务和客户提供哪些价值有较清楚的了解。他们包括主办者、客户、开发公司的高级管理人员及项目的幻想者，如产品代表和市场部门人员。来自各个渠道的业务需求可能发生冲突。例如，考虑具有嵌入软件的售货亭管理系统，它将卖给零售店并由零售客户使用。售货亭管理系统的开发人员有如下的业务目标：

- 改变原有的开发人员与客户的关系。
- 向零售商发行并销售售货亭产品。
- 通过售货亭软件向客户销售消费品。
- 吸引客户对商品的兴趣。

零售亭业务对如下方面感兴趣：

- 通过客户使用售货亭软件而获利。
- 吸引更多客户来商店购买商品。
- 如果售货亭软件替代了人工操作，就可节省成本。

开发人员需要为客户建立高科技系统，并且引导客户紧跟新的发展方向；零售商需要一个简易、方便使用的系统；客户需要便利、良好的性能。这三者在目标、限制和费用因素上的不同将导致业务需求的冲突，这必须在售货亭管理系统的软件需求说明制订之前予以解决。

也可以利用业务需求对使用实例及与它们相关的功能需求设置实现优先级。例如，业务需求的确定可以从售货亭软件产生最大收益考虑，这意味着软件性能的最初实现与销售更多的产品或对客户服务有直接关系，而不是强调只吸引少量客户的软件性能。

业务需求不仅决定应用程序所能实现的业务任务（使用实例）的设置（所谓的应用宽度），还决定对使用实例所支持的等级和深度。支持的深度可以从一个很小的实现细节到具有许多辅助功能的完全自动化的操作。对于每个使用实例，都必须决定其宽度和深度，并编写出文档。如果业务需求帮助你确定一个在应用范围之外特殊的使用实例，那么此时你正在确定产品的应用宽度。业务需求还可以帮助确定哪一个使用实例需要健壮的、综合的功能实现，哪一个使用实例仅需要一般实现，至少需要初始实现。

6.2　项目视图和范围文档

项目视图和范围文档(vision and scope document)把业务需求集中在一个简单、紧凑的文档里,这个文档为以后的开发工作奠定了基础。项目视图和范围文档包括了业务机遇的描述、项目的视图和目标、产品的适用范围和局限性的陈述、客户的特点、项目优先级别和项目成功因素的描述。这必须是一个相对简短的文档,也许只有 3～8 页,取决于项目的性质和大小。

图 6-1 描述了一个项目视图和范围文档的模板,文档模板对公司项目创建的文档结构进行了标准化。就像其他模板一样,必须对图 6-1 所示的模板进行改写,以满足项目的需要。

业务需求	项目视图的解决方案	范围和局限性	业务环境
背景	项目视图陈述	首次发行的范围	客户概述
业务机遇	主要特性	随后发行的范围	项目的优先级
客户或市场需求	假设和依赖环境	局限性和专用性	产品成功的因素
提供给客户的价值			
业务风险			

图 6-1　项目视图和范围文档的模板

下面介绍这个模板的每个部分。

1. 业务需求

业务需求说明了提供给客户和产品开发商的新系统的最初利益。不同的产品(如信息管理系统、系统捆绑软件等)有不同的侧重点。然而,项目开发的投入是由于人们相信有了新产品,世界将变得更加美好。本部分描述了为什么要从事此项目的开发,以及它将给开发人员和购买者带来的利益。

1) 背景

该部分总结了新产品的理论基础,并提供了关于产品开发的历史背景或形势的一般性描述。

2) 业务机遇

该部分描述了现存的市场机遇或正在解决的业务问题,并描述了商品竞争的市场和信息系统将运用的环境,包括对现存产品的一个简要的相对评价和解决方案,并指出所建议的产品为什么具有吸引力和它们带来的竞争优势。认识到目前只能使用该产品才能解决的一些问题,并描述产品是怎样顺应市场趋势的以及有哪些优势。

3）业务目标

用一个定量和可测量的合理方法计算该产品带来的重要商业利润。关于给客户带来的价值在项目视图和范围文档中阐述，这里仅把重点放在业务的价值上。这些目标与收入预算或节省开支有关，并影响投资分析和最终产品的交付日期。如果这些信息在其他地方已叙述，请参考有关文档，这里不再重复。

4）客户或市场需求

描述一些典型客户的需求，包括不满足现有市场上的产品或信息系统的需求。提出客户目前遇到的问题在新产品中将可能（或不可能）出现的阐述，提供客户怎样使用产品的例子。确定了产品所能运行的软、硬件平台。定义了较高层次的关键接口或性能要求，但避免设计或实现细节。把这些要求写在列表中，可以反过来跟踪调查特殊用户和功能需求。

5）提供给客户的价值

确定产品给客户带来的价值，并指明产品怎样满足客户的需要。可以用下列言辞表达产品带给客户的价值：

- 提高生产效率，减少返工。
- 节省开支。
- 业务过程的流水线化。
- 先前人工劳动的自动化。
- 符合相关标准和规则。
- 与目前的应用产品相比，提高了可用性或减少了失效程度。

6）业务风险

总结开发该产品主要的业务风险，如市场竞争、上市时间、用户的接受能力、实现的问题或对业务可能带来的消极影响。预测风险的严重性并写出解决措施。

2. 项目视图的解决方案

文档中的这一部分为系统建立了一个长远的项目视图，它将指明业务的目标。这一项目视图为在软件开发生存期中做出决策提供了相关环境背景。这部分不应包括详细的功能需求和项目计划信息。

1）项目视图陈述

编写一个总结长远目标和有关开发新产品目的的简要项目视图陈述。项目视图陈述将权衡有不同需求的客户的看法。它可以有一点理想化，但必须以现实为基础。例如，现有的或所期待的客户市场、企业框架、组织的战略方向和资源局限性。举一个简单的例子，如三段论推理的项目视图陈述：它包含一个一般性的原则（大前提）、一个附属前面大前提的特殊化陈述（小前提），以及由此引申出的特殊化陈述符合一般性原则的结论。

2）主要特性

包括新产品将提供的主要特性和用户性能的列表。强调的是区别于以往产品和竞争产品的特性。可以从用户需求和功能需求中得到这些特性。

3）假设和依赖环境

在构思项目和编写项目视图与范围文档时，要记录做出的任何假设。通常，一方所持的假设应与另一方不同。如果把它们都记录下来，并加以评论，就能对项目内部隐含的基本假设达成共识。例如，“生物制品跟踪系统”的开发人员假设：该系统可以替代现有的仓库存货系统，并能与有关采购部门的应用连接。把这些都记录下来，以防止将来可能的混淆和冲突。还有，记录项目依赖的主要环境，例如，所使用的特殊的技术、第三方供应商、开发伙伴或其他业务关系。

3. 范围和局限性

当一个生物学家发明了可以把一种生物制品转变为另一种生物制品的新的化学合成时，它发表的论文中一定会包含“范围和局限性”部分，这部分描述了这一化学变化所能做和不能做的一种限定。同样，一个软件项目也必须定义它的范围和局限性，并作为业务需求的一部分。

项目范围定义了提出的解决方案的概念和适用领域，而局限性则指出产品不包括的某些性能。澄清范围和局限性有助于建立各风险承担者所企盼的目标。有时客户要求的性能太奢华或者与产品制定的范围不一致。一般客户提出的需求超出项目的范围时，就应当拒绝它，除非这些需求很有益，这时可适当扩大项目范围，以满足这些需求（在预算、计划、人员方面也要相应进行变化）。记录这些需求以及拒绝它们的原因，以备日后遇到这类问题时有记录可查。

1）首次发行的范围

总结首次发行的产品具有的性能，描述产品的质量特性，这些特性使产品可以为不同的客户群（customer community）提供预期的成果。如果你的目标集中在开发成果和维持一个可行的项目规划上，则应当避免一种倾向，那就是把一些潜在的客户能想到的每一个特性都包括到 1.0 版本的产品中。这一倾向带来的普遍恶果是产生软件规划的动荡性和错误性。开发人员应把重点放在能提供最大价值、花费最合理的开发费用及普及率最高的产品上。

2）随后发行的范围

如果你想象一个周期性的产品演变过程，就要指明哪一个主要特性的开发将被延期，并期待随后版本发行的日期。

3）局限性和专用性

明确定义包括和不包括的特性和功能的界线是处理范围设定和客户期望的一个途径。列出风险承担者期望的而你却不打算把它包括到产品中的特性和功能。

4. 业务环境

这一部分总结了一些项目的业务问题，包括主要的客户概述和项目的优先级。

1）客户概述

客户概述明确了这一产品的不同类型客户的一些本质的特点，以及目标市场部门和在这些部门中的不同客户的特征。对于每一种客户类型，概述包括以下信息：

- 各种客户类型将从产品中获得的主要益处。
- 它们对产品所持的态度。
- 感兴趣的关键产品的特性。
- 哪一类型客户能成功使用。
- 必须适应任何客户的限制。

2）项目的优先级

一旦明确建立项目的优先级，风险承担者和项目的参与者就能把精力集中在一系列共同的目标上。达到这一目的的一个途径是考虑软件项目的 5 个方面：性能、质量、计划、成本和人员（Wiegers，1996）。在所给的项目中，其每一方面都应与下面 3 个因素之一相适应。

一个约束（constraint）：项目管理者必须操纵一个对象的限制因素。

一个驱动（driver）：一个最高级别的目标。

一个自由度（degree of freedom）：项目管理者能权衡其他方面，进而在约束限制的范围内完成目标的一个因素。

未必所有的因素都能成为驱动，或所有的因素都能成为约束因素。在项目开始时记录和分析哪个因素适用于哪种类型，将有助于使每一个人的努力和期望与普遍认可的优先级一致。

5. 产品成功的因素

明确产品的成功是如何定义和测量的，并指明对产品的成功有巨大影响的几个因素。不仅要包括组织直接控制的范围内的事务，还要包括外部因素。如果可能，可建立测量的标准，用于评价是否达到业务目标，这些标准的实例有市场股票、销售量或收入、客户满意度、交易处理量和准确度。

6.3 关联图

软件项目范围的描述为我们正在开发的系统和宇宙万物之间划清了界线。关联图（Contextdiagram）通过正在开发的系统或正在讨论的问题和外部世界之间的联系描述这一界线。关联图确定了通过某一接口与系统相连的外部实体（称为“端点”或“外部实体”），同时也确定了外部实体和系统之间的数据流和物流。我们把关联图作为按照结构化分析所形

成的数据流图的最高抽象层(Robertson et al.,1994)。可以把关联图写入项目视图和范围文档或软件需求规格说明中,或者作为系统数据流模型的一部分。

"生物制品跟踪系统"的简单的关联图如图 6-2 所示。整个系统被描述成一个简单的循环,所以关联图并不明确提供系统的内部过程和数据。关联图中的流可以用信息(生物制品请求)或物理项(生物制品容器)表示。可以用矩形图示的端点表示用户类 (药剂师)、组织(采购部门)或其他计算机系统(培训用数据库)。

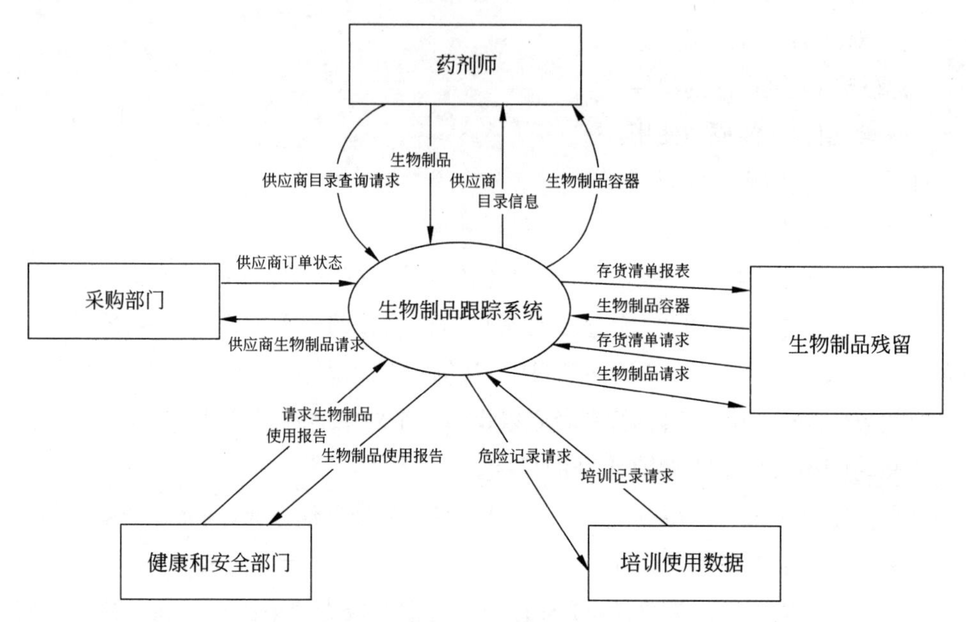

图 6-2 "生物制品跟踪系统"的简单的关联图

你可能希望把生物制品的供应商作为一个端点放入关联图中。特别提醒,公司总是发购买生物制品的订单给生物制品供应商,并从供应商那里得到装有生物制品的容器和发票,而供应商则得到支票。然而,这些过程发生在"生物制品跟踪系统"范围外,并作为购买和进货部门日常事务的一部分。关联图明确告诉我们,系统并不直接与供应商订货、进货或付账。

虽然某些端点与所规划的系统没有直接联系,但有时关联图将给出与项目的问题域有关的端点之间的联系(Jackson,1995)。不是教条地追求如何绘制"正确"的关联图,而是使用这样的图确定项目风险承担者之间清晰而精确的关系。

6.4 把注意力始终集中在项目的范围上

在项目视图和范围文档中记录业务需求为防止开发过程范围的扩展(creep)提供了有利的手段。项目视图和范围文档可以使你判断提出的特性和需求放进项目是否合适。当某些人提出新的需求或改变需求或特性时,你必须问的第一个问题是:"这是否包含在项目范围内?”

提出的一些建议有时完全在项目范围外,它们可能是一个好的方案,但这个方案适用于其他项目或将来要发行的产品。另外,一些建议很明显是在项目范围定义之内。如果这种建议与已经为某一确定产品所制定的需求相比具有更高的优先级,则这些新的并符合要求的需求就可以加入项目中。不过,此时你必须进行权衡(trade off),决定是延迟,还是取消其他已经确定的需求或特性。

第三种可能性是所提出的新需求在项目范围外,这是一个很有价值的方案,此时可以改变项目的范围适应这一需求,但要求修改项目视图和范围文档。当改变项目的范围时,必须重新商议计划预算、资源及进度安排,也许还须商议开发人员(特别是需要新的技术和技巧时)。理想的情况是原先的安排和资源能合理地适应需求变更。然而,必须在需求变更得到赞同后,才重新进行计划安排,除非原先对需求的预算留有余地。

范围扩展存在固有的两个主要问题:①全部工作必须重新进行,以适应变化;②当项目的范围增大时,如果没有调整原先分配的资源和时间,则属性会遭到破坏。一组确定的业务需求可以使项目依照计划正常进行,在市场或业务需要变更时,可以合理地调整项目范围的大小;当一些有影响的人企图向有许多约束的项目中添加更多的特性时,可以合理地拒绝这些要求。

下一步:

- 无论你将要开发一个项目或正在开发一个项目,请用图 6-1 的模板编写一份项目视图和范围文档。如果开发组对项目范围各抒己见,则这一任务可能比较困难。现在开始解决这一问题,而不是让它模棱两可;如果你对这个问题置之不理,则这个问题就会越来越难解决。这一活动也可通过修改模板更好地满足公司组织项目的需要。

第 7 章　寻找客户的需求

软件需求的成功、软件开发的成功都取决于开发人员是否尽可能地采纳客户的意见。一种类型的客户——项目主持者、项目的幻想者或市场部门，他们提供了项目的商业需求。本章将集中介绍需求的第二级——用户需求。

客户参与是避免期望差异的唯一途径，这一期望差异表现在客户期望得到的产品与开发人员设计的产品之间不相符。然而，在项目的开始阶段仅问一两个客户的需求，然后就开始编码，这样做是不够的。因为客户常常不知道他们的真正需要，而开发人员也不知道。

用户提出“需要”的特性并不总是与用户利用新产品处理他们的任务有关。因此，当收集到用户的意见后，必须分析、整理这些需求意见，并把你的理解写成文档，然后与用户一起探讨，这是一个反复的过程。如果不在这方面花时间，对预期产品一致的看法未达成共识，最终可能需要返工，并且产品结果不尽人意。

征求客户的意见，采取以下几步：

(1) 明确项目用户需求的来源。

(2) 明确使用该产品的不同类型的用户。

(3) 与产品不同用户类的代表进行沟通。

(4) 遵从项目的最终决策者的意见。

7.1　需求的来源

软件需求可以来自方方面面，这取决于所开发产品的性质和开发环境。需从不同用户代表和来源收集需求，这说明了需求工程具有以相互交流为核心的性质。

下面是几个软件需求的典型来源：

1. 访问并与有潜力的用户探讨

为找出新软件产品的用户需求，最直截了当的方法是询问他们，把对目前的或竞争产品的描述写成文档，文档可以描述一种产品必须遵循的标准或产品必须遵循的政府或工业规则。

2. 一个包含软、硬件的产品需要一个高档次的系统需求规格说明，以介绍整个产品

系统需求的子集被分配到每个软件子系统中。详细软件功能需求将从有关软件的系统需求里获得。

3. 用当前系统的问题报告和增强要求指导用户和提供技术支持的工作人员是最有价值的需求来源

相关工作人员收集了用户在使用现有系统过程中遇到问题的信息，还接受了用户关于系统改进的想法。

4. 市场调查和用户问卷调查

调查有助于从广大有潜力的用户那里获得大量定量的数据，调查相关用户并询问一些能产生反响的问题。

5. 观察正在工作的用户

分析员可通过观察用户与所关联的任务环境的工作流程预见用户在使用当前系统时遇到的问题，并能分析新的系统可有效支持工作流程的方面。相较简单地询问用户，并记下用户在处理任务时的步骤来说，直接观察用户的工作流程可以对他们的活动有更正确的理解。分析员抽象和总结用户的直接活动，以确保获得的需求具有普遍性，而不仅代表单个用户。一个富有技巧的分析员还可以为改进用户的当前事务处理过程提出一些见解。

6. 用户任务的内容分析

通常，通过开发具体的情节或活动顺序，可以确定用户利用系统需要完成的任务，分析员由此可以获得用户用于处理任务的必要的功能需求。

7.2　用户类

产品的用户在很多方面都存在着差异。例如，用户使用产品的频度、他们的应用领域和计算机系统知识、他们使用的产品特性、他们进行的业务过程、他们在地理上的布局以及他们的访问优先级。根据这些差异，可以把这些不同的用户分成小组。每一个用户类都将有自己的一系列功能需求和非功能需求。有一些受产品影响的人并不一定是产品的直接使用者，而是通过报表或其他应用程序访问产品的数据和服务。这些非直接的或次级的用户也有他们的需求，于是他们组成了附加的用户类。

在项目中，要尽早为产品确定并描述出不同的用户类，这样就能从每个重要的用户类代表中获取不同的需求。一个给65个团体用户开发专门的业务产品的公司，当他们意识到可以把用户分成6个截然不同的用户类时，这些用户对未来发行的产品的需求就被简化了。

在软件需求规格说明中，把这些用户类和他们的特征编写成文档。在前面讨论的“生物制品跟踪系统”中，项目的管理者确定的用户类和他们的特征见表 7-1。

表 7-1 “生物制品跟踪系统”的用户类

用 户 类	特 征
药剂师	药剂师将使用系统请求来自供应商和仓库的生物制品。药剂师每天多次使用系统，主要用于跟踪进出实验室的生物制品容器。药剂师需要在供应商目录中查找指定生物制品
采购者	采购者在采购部门处理其他用户提交的生物制品请求，他们与外部的供应商建立联系，制定并发出订单。采购者对生物制品几乎不了解，因此将需要简单的查询机制查找供应商目录。采购者不使用系统中的容器跟踪这一特性。每个采购者平均每天使用系统 10 次
生物制品仓库人员	生物制品仓库人员包括 3 个技师，管理多达 500 000 种生物制品容器。他们将处理来自药剂师的请求并提供可用的容器，向供应商请求新的生物制品以及跟踪进出仓库的所有容器的流向，他们是货存清单和生物制品使用报告特性的唯一使用者。由于交易量大，生物制品仓库人员使用的系统必须是自动化并且高效的
卫生和安全人员	卫生和安全人员使用系统是为了生成符合官方关于生物制品使用和处理规则的季度报表。这些报表必须提前定义，并不需要特别的查询能力，当官方的规则改变时，卫生和安全管理人员可能每年多次要求变化报表中的内容。报表变更的优先级最高

7.3 寻找用户代表

每种类型项目，包括企业信息系统、商业应用程序、集成系统、软件嵌入式产品、Web 开发程序和签约合同的软件，在获取用户需要时要挑选合适的用户代表反映各类用户的需求。用户代表必须参加整个软件开发生存周期。虽然必须把重点放在最重要的用户代表身上，但还是需要广泛的用户参与者代表不同的用户类和不同的专业层次。

如果你正在开发商业软件，可能要在开发过程的早期阶段从目前的 Beta 测试版或先前版本产品的使用者中收集需求意见。建立现存的长期客户关系或组成一个核心用户组，它是由目前产品的用户组或竞争产品的用户组组成的。如果建立起一个用户组，这些参与者是否真正代表了各个方面的用户，而这些用户的需求是否可以促进产品的开发。核心用户组必须包含各种用户类型，不仅包括知识渊博的用户，还包括缺乏经验的用户。

图 7-1 描述了用户的需求和开发人员之间的一些典型的信息关联。当开发人员与有关的用户对话时，就产生了最直接的交流；非直接联系一般是无效的。例如，如果开发人员只向最终用户的管理者获取意见，那么这些需求就不太可能正确反映用户的需要。

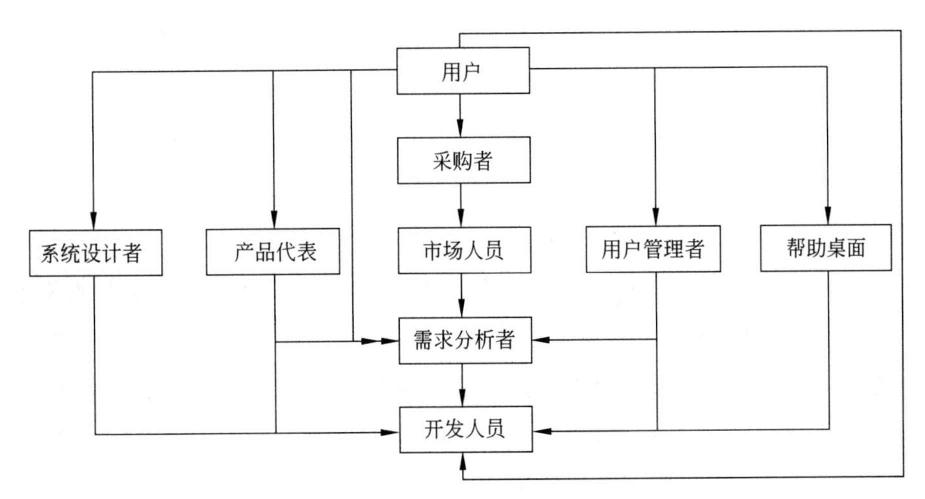

图 7-1　用户和开发人员之间的可能通信路径

插入的这些层次是具有价值的，就像一个有经验的需求分析员可以与用户或其他参与者一起工作，为开发人员收集、评价并组织整理需求信息。确信你已明白自己承担的风险，这个风险就是将市场人员或其他人员作为用户真正需求的代理人，同时你还要判断这些风险是否值得承担。

7.4　产品的代表者

组建开发组时，决定每一个工程项目都包括为数不多的核心参与者，这些参与者来自相关的用户团体，并提供客户的需求，我们称这些人为产品的代表者或项目的代表者。通过产品代表者这一途径，可以提供一个有效的方法使客户与开发人员之间的伙伴关系结构化和形式化。

每一个产品代表者代表了一个特定的用户类，并在那个用户类和开发人员之间充当主要的接口。产品代表者必须是真正的用户，而不是用户的代理人（如主办者、产品客户、市场人员或者软件组成员）充当用户。产品代表者从他们代表的用户类中收集需求信息。每个产品代表者都负责协调他们所代表的用户在需求表达上的不一致性和不兼容性。每个产品代表者与分析员合作，为那个用户类整理出统一的需求意见。需求的收集与整理是分析员和一些核心客户的共同责任。

若产品代表者有足够的权利为他们代表的用户做出共同的决定，那么他们将会很好地发挥作用。产品代表者必须牢记，他们不是唯一的用户。

7.4.1　寻求产品代表者

如果开发业务软件，而不是内部软件，就很难寻找可以充当产品代表者的人。但是，如果与一些大公司的用户有紧密的工作伙伴关系，那么他们会很乐意(或要求)参与用户需求获取，但是会面临一个挑战：如何避免片面地听取某些产品代表者的需求，而忽视其他代表者的需求。如果有一个广泛的客户基础，那么就有可能先确定代表所有客户的核心需求，之后确定特定个体客户和用户类的附加需求。

只有在产品代表者通过商业展示会或其他专业上的交流相互联系之后，才可能与其他公司的产品代表者相互交流。不过，这样存在着风险，因为这种讨论交流可能泄露内部业务过程的细节，潜在地影响了每个公司的竞争力。如果一个知道本公司未来产品计划的产品代表者把这一内部信息告诉不应该知道这一信息的人，应该怎么办？双方签署不泄密协定有助于解决这一问题，但这种协定对私人秘密没有保证。另一种可能性是产品代表者所在的公司可能决定不购买早期版本的产品，因为他们知道更好的版本即将发行，此时可能需要给你的外部产品代表者一些经济上的鼓励，以获得他们的贡献，如提供产品打折或者聘请他们与你一起进行用户需求的讨论工作。

另一种方法是真正聘请一个具有丰富阅历的、合适的产品代表者。例如，一个为某一特殊产业开发零售销售点和后台办公系统的公司曾经聘请三位零售店的主管充当全天候的产品代表者的角色。

7.4.2 产品代表者的期望

把产品代表者的期望编写成文档，这样有助于通过产品代表者这一途径获得成功。当然，并不是每一个产品代表者都能提供你所喜欢的服务，让特定用户填写这一关键的任务，并作为探讨每个产品代表者确定责任的起点。表 7-2 确定了产品代表者的活动。并不是每种情况下都要有这些活动，但是在不同的项目中，产品代表者执行其中不同的活动。

表 7-2 产品代表者的活动

分 类	活 动
计划(planning)	• 转化产品的适用范围和局限性 • 定义与其他系统的外部接口 • 定义从目前用户应用程序过渡到新系统的过渡途径
需求(requirement)	• 访问其他用户，收集他们的需求描述 • 提出使用脚本和使用实例 • 解决建议的需求之间的冲突 • 定义实现优先级 • 确定质量属性和其他非功能需求 • 评估用户接口原型

7.4.3　多个产品代表者

“生物制品跟踪系统”有 4 个用户类，因此需要从内部用户群中选择多个产品代表者。

图 7-2 描述了项目总经理如何建立产品代表者小组，以从各个渠道收集有效的需求。这些产品代表者并不是全职。3 个分析员与 4 个产品代表者一起协作进行需求获取、分析，并把它们的需求编写成文档。然后由一名分析员综合这些信息，并编写到软件需求规格说明中。指望一个人提供一个大型用户类的所有需求是不现实的，这样的用户类由几百名药剂师组成。因此，代表药剂师用户类的产品代表者组织了一个由 5 个药剂师组成的预备组，这 5 个药剂师分别来自公司的不同部门。这种分层方法增加了获取需求的用户数，且避免了大量的开销，这些开销主要用于整理和协调收集需求的专题讨论会或者长时间连续个人访问。化学药剂师产品代表者总是力求达成一致意见，但是当意见不一致时，他们总是乐于做出必要的决策，向前推进项目。

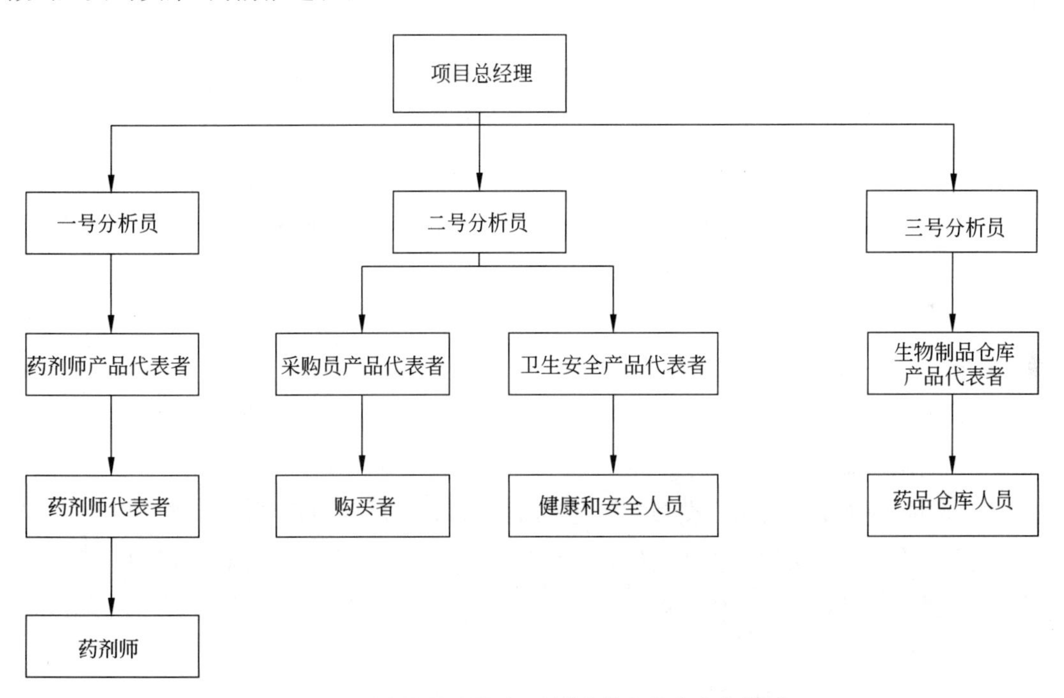

图 7-2　“生物制品跟踪系统”中的产品代表者模型

7.5　谁做出决策

收集需求后，难以解决冲突时，协调不一致时，某些人还要对不可避免发生的范围问题单独做出决定。在项目的早期阶段，必须决定谁是需求问题的决策者。如果授权的个人不愿意或不能做出决策，那么决策者的角色将自然落在开发人员身上。

在软件项目中，谁将对需求做出决策的问题并没有统一的正确答案。分析员有时听从呼声高的或来自最高层人物的最大的需求。即使使用产品代表者这一手段，也必须解决来自不同用户类的相冲突的需求。达成一致意见固然是理想的，但在风险承担者对每个问题做出决策的同时，不能停止项目的进展。

下面是一些在项目中可能发生的决策问题，并带有建议性的解决方案。

(1) 如果个别用户不能在需求方面达成一致意见，就由产品代表者做出决策。产品代表者方法的实质是授权给产品代表者，由其解决他们代表的需求冲突问题。

(2) 如果不同的用户类有不一致的需求，了解可能使用产品的客户种类的信息和他们的用法与产品的业务目标的关系如何，将有助于决定哪个用户类所占份额最大。

(3) 客户提出的需求与他所在部门的真正用户提出的需求相冲突时，用户需求必须与业务需求一致，那些没有亲自使用过产品的经理必须服从代表他们用户的产品代表者提出的详细的用户需求和功能性规格说明。应避免强迫开发人员对客户不同意的需求作出公断。

(4) 当开发人员想象中的产品与客户需求冲突时，通常应该由客户做出决策。客户总是持有自己的观点，开发人员必须理解并尊重这一观点。

(5) 如果市场部门提出的需求与开发人员想要开发的系统发生冲突时，类似的情况就发生了。对于客户的代理人，市场需求的分量更重。在遇到这些问题之前，需要决定谁将对项目需求做出决策。

下一步：

- 在你所处的环境中，把听取客户需求的方法与图 7-1 联系起来。在你当前的交流联系中是否遇到一些问题？确定最短的并且最有效的交流途径，将来可根据这一途径收集用户需求。
- 为项目确定不同的用户类型并决定谁将成为每个用户类的产品代表者。以表 7-2 作为一个起点定义你希望产品代表者具备的功能。与产品代表者和他们的经理商讨，有助于项目开发。

第 8 章　聆听客户的需求

需求获取是需求工程的主体。对于将要设计的软件产品，获取需求是一个确定不同用户的需要和限制的过程。获取用户需求位于软件需求三层结构的中间一层。来自项目视图和范围文档的业务需求决定用户需求，它描述了用户利用系统需要完成的任务。从这些用户需要完成的任务中，软件设计者能获得用于描述系统活动的特定功能，这些系统活动有助于用户完成他们的任务。

需求获取是在问题及其最终解决方案之间建立联系的第一步。获取需求的一个必不可少的过程是对项目中描述的客户需求的理解。软件设计者一旦理解了需求，就能探索出满足这些需求的多种解决方案。软件设计者只有在理解问题之后，才能开始设计系统。软件设计者把需求获取集中在用户任务上，而不是集中在用户接口上，这样有助于防止开发组由于草率处理设计问题造成的失误。

需求获取、分析、编写需求规格说明和验证并不遵循线性关系，这些活动是相互隔开、增量和反复的。当与客户进行合作时，你会问一些问题，并且取得他们提供的信息（需求获取）。同时，你将处理这些信息，以理解它们，并把它们分成不同的种类，还要把客户需求尽可能地与软件需求相联系（分析）。然后，你可以使客户信息结构化，并编写成文档和示意图（说明）。下一步就可以让客户代表评审文档并纠正存在的错误（验证）。这 4 个过程贯穿需求开发的整个阶段。

由于软件开发项目和组织文化的不同，需求开发没有一个简单的、格式化的途径。下面列出几个步骤，可以利用它们指导需求开发活动。对于任何需求的子集，一旦完成第 13 步，就可以很有信心地继续进行系统的每一部分的设计、构造。

8.1　需求获取的指导方略

需求获取可能是软件开发中最困难、最关键、最易出错以及最需要交流的方面。需求获取只有通过客户与开发人员的详细合作才能成功。分析者必须建立一个彻底探讨问题的环

境，而这些问题与产品有关。为了清晰、方便地进行交流，就要列出重要的分组，而不是假想所有的客户都持有相同的看法。对需求问题的全面考察需要一种技术，这种技术不但考虑了问题的功能需求方面，还可以讨论项目的非功能需求。确定用户已经理解：对某些功能的讨论并不意味着即将在产品中实现它。对于想到的需求，必须集中处理并设定优先级，以避免产生一个不能带来任何益处的无限大的项目。

需求获取是一个需要高度合作的活动，而不是客户所说需求的一个简单誊本。作为一个分析者，必须透过客户提出的表面需求理解他们的内在需求。询问一个可扩充的问题，有助于更好地理解用户目前的业务过程，并且知道新系统如何帮助或改进他们的工作。调查用户任务可能遇到变更，或者用户需要使用系统其他的方式。想象你自己就是用户，正在做工作，你需要完成什么任务？你会遇到什么问题？从这个角度指导软件需求的开发和利用。

探讨例外的情况：什么会妨碍用户顺利完成任务？对系统错误情况的反映，用户是如何想的？询问问题时，以"还有什么能……""当……时，将会发生什么""你有没有曾经想过……"开头。记下每一个需求的来源，这样向下跟踪，直到发现特定的客户。

建议需求开发过程

(1) 定义项目的范围

(2) 确定用户群体

(3) 在每个用户群体中确定适当的代表

(4) 确定需求决策者和他们的决策过程

(5) 选择你所用的需求获取技术

(6) 运用需求获取技术对作为系统一部分的使用实例进行开发并设置优先级

(7) 从用户那里收集质量属性的信息和其他非功能需求

(8) 详细拟订使用实例，使其融合到必要的功能需求中

(9) 评审使用实例的描述和功能需求

(10) 如果有必要，就要开发分析模型，以澄清需求获取的参与者对需求的理解

(11) 开发并评估用户界面，以助于想象还没有充分明白的需求

(12) 从使用实例中开发出概念测试用例

(13) 用测试用例论证使用实例、功能需求、分析模型和原型

在继续进行设计和构造系统每一部分之前，重复步骤(6)～(13)

尽量把客户的假设解释清楚，特别是那些可能发生冲突的部分。从字里行间理解客户没有表达清楚但又想加入的特性。

需求获取利用了所有可用的信息来源，这些信息描述了问题域或在软件解决方案中合

理的可能。采用更多的交流可以提高项目的成功率，与用户一起座谈，对于业务软件包或信息管理系统的应用来说，是一种传统的需求来源。直接邀请用户获取用户需求的过程也是项目获得用户支持的一种方式。

每次与用户座谈后，都要记下讨论的条目，并请参与讨论的用户评价软件的错误和不足。尽早并经常进行座谈讨论是需求获取成功的一个关键。

尽可能地理解用户用于表述他们需求的思维过程。充分研究用户执行任务时做出决策的过程，并想象出潜在的逻辑关系。流程图和决策树是描述这些逻辑决策途径的好方法。当进行需求获取时，应避免受不成熟的细节的影响。在对切合的客户任务取得共识之前，用户能很容易地在每一个报表或对话框中列出每一项的精确设计。如果这些细节都作为需求记录下来，那么它们可能会在随后的设计过程带来不必要的限制。你可能需要周期性地检查需求获取，以确保用户参与者将注意力集中在讨论的话题上，并且你要向他们保证在软件的开发过程中，会尽可能地满足他们的需求。

在一个逐次详细描述过程中，重复详述需求，确定用户目标，并作为使用实例。将任务描述成用户对软件的功能需求，这些功能需求可以使用户完成其任务，也可以把它们描述成非功能需求，这些非功能需求描述了系统的限制和用户对质量的期望。

8.2　基于使用实例的方法

多年来，分析者总是利用情节或经历描述用户和软件系统的交互方式，从而获取需求。

有些人把这种看法系统地阐述成用使用实例的方法进行需求获取和建模。虽然使用实例来源于使用者的开发环境，但是它也能应用在具有许多开发方法的项目中，因为用户并不关心你是怎样开发软件的。但是，使用实例的观点和思维过程会极大地启发你的软件设计思路。注意，用户利用系统做什么远远强于询问用户希望系统为他们做什么。

一个使用实例描述了系统和一个外部“执行者”的交互顺序，这体现了执行者完成一项任务并给用户益处。执行者是指一个人，或另一个软件应用，或一个硬件，或其他一些与系统交互以实现某些目标的实体。例如，“生物制品跟踪系统”中的“请求一种生物制品”使用实例包括一个名为“请求者”的执行者。在“生物制品跟踪系统”中设有一个客户类叫请求者，药剂师和生物制品仓库的人员或其他这一方面的人员均可充当这一角色。

使用实例为表达用户需求提供了一种方法，而这一方法必须与系统的业务需求一致。分析者和用户必须检查每一个使用实例，在把它们纳入需求之前决定其是否在项目定义的范围内。基于“使用实例”方法进行需求获取的目的在于：描述用户需要使用系统完成的所有任务与功能。理论上，使用实例的结果集包括所有合理的系统功能。现实中，不可能获得完全的系统功能，但是，基于使用实例的方法可以带来更好的效果。

8.2.1 使用实例和用法说明

一个单一的使用实例可能包括完成某项任务的许多逻辑相关任务和交互顺序。因此，一个使用实例是相关用法使用说明的集合。在使用实例中，一个说明被视为事件的主过程、基本过程。在描述普通过程时列出执行者和系统之间相互交互或对话的顺序。当这种对话结束时，执行者也达到了预期的目的。“请求一种生物制品”的使用实例的普通过程引出一个用户请求，要求从外界供应商订购生物制品。

图 8-1 描述了来自“生物制品跟踪系统”的“请求一种生物制品”的使用实例图，并运用了统一建模语言。执行者用一个分叉状图形表示，并在执行者和需要的每个使用实例之间画一条线。在这幅图中，主要的使用实例是“请求一种生物制品”。别的使用实例：“查看仓库中可用的生物制品容器”和“输入货物的编号”，描述了两种可能的使用实例中的关系。使用实例图提供了一个高级别的用户需求的可视化表示。

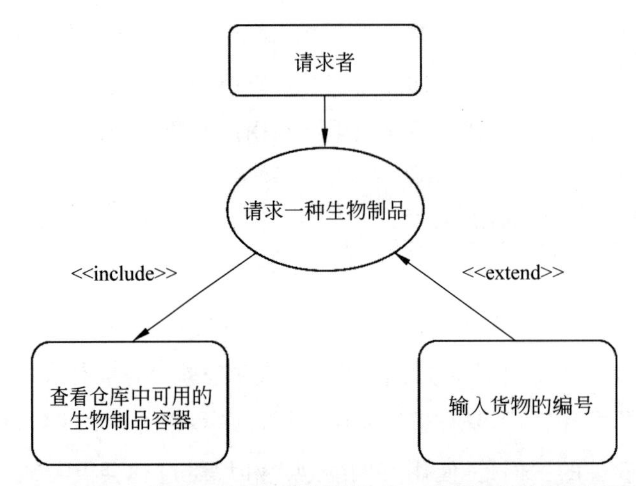

图 8-1　来自“生物制品跟踪系统”的“请求一种生物制品”的使用实例

在使用实例中的其他说明为可选说明。其他说明也促进用户可以成功地完成任务，但它们代表了任务的细节或用于完成任务过程中的变化部分。在对话序列中，普通过程可以在一些决策点上分解成可选过程，然后重新汇成一个普通过程。在“请求一种生物制品”的使用实例中，“向生物制品仓库请求一种生物制品”是一个其他说明。虽然用户在普通过程和其他说明中请求一种生物制品，但是用户和系统之间的详细交流在许多方面都存在差异。在可选过程中，用户仍必须确定合适的生物制品。

可选过程(其他说明)中的一些步骤与在普通过程中的步骤相同，但是普通过程、可选过程可能需要一些唯一的动作完成路径，如图 8-2 所示。有时，通过在流中插入一个定义可选过程的、分离的使用实例，可以很方便地扩充普通过程。被扩充的使用实例必须是一个完整的使用实例，它可以独立运行。图 8-1 表示：使用实例“查看仓库中可用的生物制品容器”

扩充了“请求一种生物制品”使用实例。这一扩充形成“从生物制品仓库中请求一种生物制品”的可选过程。

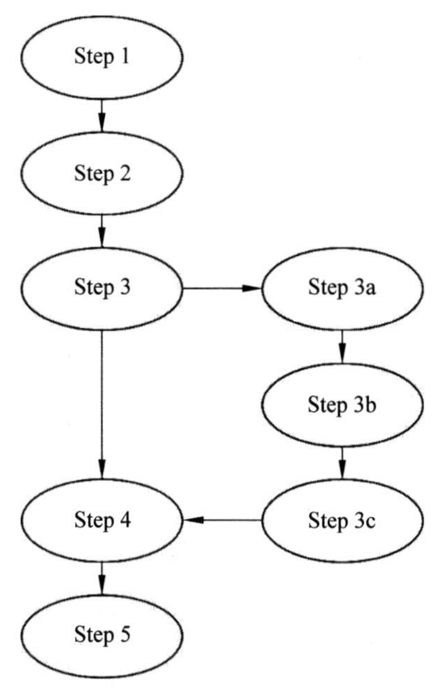

图 8-2　使用实例中的普通过程

许多使用实例可能共享一些公共函数。为了避免重复，可以定义一个独立的使用实例，这一实例包含这个公共函数，并指定其他使用实例必须包括这个公共使用实例。这与在编程语言中的所谓“公共子过程”在逻辑上是等价的。被包括的使用实例对于任务的完成是必不可少的，但一个扩充其他实例的使用实例则是可选的。这个可选过程可以使用对话流表示，因为普通过程可以完全替代它。举一个例子，在图 8-1 中，“请求一种生物制品”实例是包含一个称为“输入货物的编号”独立实例的许多使用实例中的一种，但也会有些例外情况发生，这个“例外”也是一种可选过程。

定义使用实例时，描述例外路径很重要，它们描述了在特定条件下用户对系统如何工作的看法。“请求一种生物制品”使用实例中的一个例外是不存在业务上可用的生物制品。如果没有将例外记录在文档上，那么开发人员可能在设计和构造阶段忽视这些可能性，当遇到一个例外条件时，系统就会崩溃。

8.2.2　确定使用实例并编写使用实例文档

执行者可以使用多种方法确定使用实例。

- 首先明确执行者的角色，然后确定业务流程，在这一流程中每个参与者都在为确定使用实例而努力。

- 确定系统所能反映的外部事件，然后把这些事件与参与的执行者和特定的使用实例联系起来。
- 以特定的说明形式表达业务过程或日常行为，从这些说明中获得使用实例，并确定参与到使用实例中的执行者。
- 有可能从现在的功能需求说明中获得使用实例。如果有些需求与使用实例不一致，就应考虑是否真的需要它们。

由于使用实例代表了用户的需求，在系统中应该直接从不同用户类的代表那里收集需求。在生物制品跟踪系统项目中，分析者召集一系列 2～3 小时的使用实例收集工作专题研习会，会议隔天举行一次。在客户和开发人员的交流方面，召集与组织小组是一种有效的技术。每一个研习会的参与者都包括代表特定用户的产品代表者、其他方面选出的用户代表、一个或多个开发人员。

在举行研习会的讨论之前，每一个分析者总是要求用户考虑他们使用新系统需要完成的任务或业务过程。每一个任务成为一个候选的使用实例，分析者用任务的简明说明对这些使用实例进行编号和命名。在研习会中探讨使用实例时，会发现许多问题。

用户总会最先确定最重要的使用实例，所以可以根据发现的顺序确定优先级。另一种确定优先级的方法是当提出候选的使用实例时，给每个实例写 2～3 句说明。确定候选的使用实例的优先级，首先为最高优先级的实例填写细节部分，然后对余下的候选使用实例重新评估其优先级。

需求获取的每一次讨论会都可以探索出多个使用实例，并根据模板把它们编写成文档。图 8-3 描述了简化的"请求一种生物制品"使用实例的模板。首先，参与者将第一个从使用实例中获益的人定为操作者。接下来，他们定义任何满足使用实例运行的先决条件及在完成使用实例后描述系统的后续条件。预先估计的使用频度为并行使用和性能需求提供了一个早期指示。下一步，分析者询问参与者想怎样与系统交互以完成任务。操作者动作的最终对话顺序和系统响应构成一个流程，这个流程可视为事件的普通过程。虽然每个参与者对真正的用户接口和交互机制有不同的想法，但是在执行者的系统对话中，开发组可以在这些步骤上达成共识。

分析者总是在注释中获取单个执行者的动作和系统响应，这些注释位于每一个使用实例的流程单上。另一种指导工作的方法是在计算机中生成一个使用实例模板，并在讨论过程中完善模板内容。由于对话的顺序包含了复杂的逻辑或符合式决策，用流程图等图形表达比用一系列标明数字的步骤表达更明显。

需求获取小组为可选的过程确定出相似的对话并确定例外情况。当分析者问一些诸如"那时，倘若数据库没有联机，将会发生什么情况?"或"当生物制品在业务上不可用时该怎么办?"这类问题时，将会发现许多例外条件。完全研究清楚每个使用实例后，并且没有提出附加的变化、例外或细节时，研习会的参与者就可以转入另一个使用实例中。他们并不会尽力在马拉松式的会议中不断挖掘出所有的使用实例。相反，他们有计划地、渐增挖掘使用实例，然后不断评价和改进它们，详尽阐述功能需求的细节和可能的用户接口。

图 8-3 展示了与使用实例获取研习会及后继活动相关的事件的顺序。在每一个研习会之后，分析者得到使用实例的说明并开始从说明中获取功能需求。其中有一些是显而易见的。其他的则比较微妙，代表了开发人员将要开发的功能，这些功能可以使用户在与系统的交互过程中执行那些步骤。分析者以分级结构化形式编写这些功能需求文档，这种结构化形式适合写入软件需求规格中。

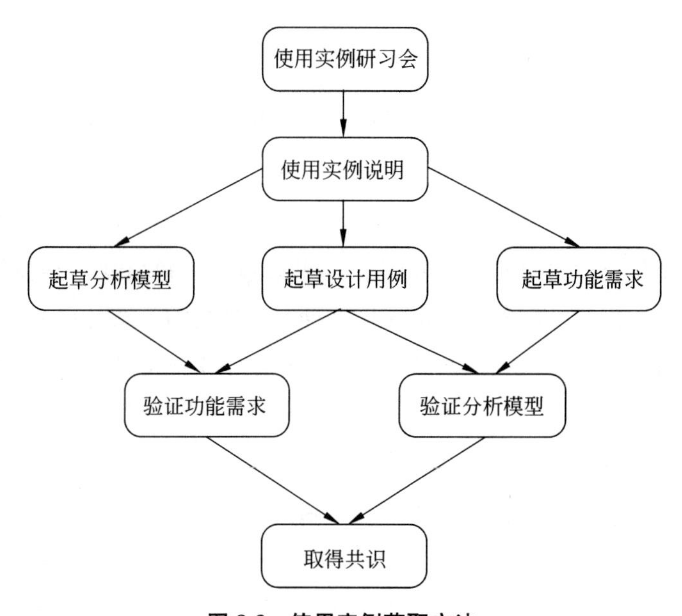

图 8-3　使用实例获取方法

分析者发现：对于一些复杂的使用实例，画出图形分析模型是有益的，这些模型包括数据流程图、实体关系图、状态转化图、对象类和联系图，还有用户接口机制的对话映像。这些模型描述了需求的不同观点，这样可以经常发现在文档中不易被发现的遗漏、不一致的地方。

在每一个专题研习会之后，分析者给出使用实例的说明和与研习会参与者有关的功能需求，这些参与者在把他们的工作成果送至下一个研习会之前，都要检查这些功能需求。通过这些经常性的检查可以发现错误。

对主持高效的获取使用实例的研习会的频繁程度有一个限制。那些每天都主持研习会的分析者发现：参与者很难在他们检查的文档中发现错误，因为在他们的思维中这些信息很生疏。从紧张的思维行为中脱离出来，让头脑休息一两天，可以从一个新的角度看待早先的工作。如果要从检查文档中得益，那么一周最好只主持 2～3 个研习会。早在需求开发阶

段，测试者就可以从使用实例中为“生物制品跟踪系统”开发出概念性测试用例。这些测试用例有助于开发组编写清晰的文档，并且在针对特定的使用说明、系统如何运作方面享有共同的见解。测试用例可以使分析者验证他们是否获得了在测试用例中规定的用于产生系统行为的所有功能需求。他们也可以用测试用例判断分析方法是否完善，并且与功能需求是否一致。

大系统可以有成百上千个使用实例，因此需要花费相当的时间确定、详述、编写文档并审核它们。然而，使用实例研习会定义系统预期的功能，有助于建立一个高质量的软件系统，并且可以满足不同用户的需要。

8.2.3 使用实例和功能需求

使用实例的描述并不向开发人员提供他们所要开发的功能的细节。如果在用户需求阶段停止了需求开发，将会发现在软件的构造阶段，开发人员必须询问许多问题来弥补他们的信息空白。为了减少这种不确定性，需要把每一个使用实例叙述成详细的功能需求。

每一个使用实例可引申出多个功能需求，这将使执行者可以执行相关的任务；并且多个使用实例可能需要相同的功能需求。可以用多种方法编写与一个使用实例相联系的功能需求文档。采用何种方法取决于你是否希望开发组从使用实例文档、软件需求规模说明，或二者相结合来构造并测试。

仅利用使用实例的方法有以下 3 种。

第一种方法是通过先前讨论的“包括”关系阐述，在这一关系中，一些公共功能被分割到一个独立的、可重用的使用实例中。

第二种方法是把使用实例说明限制在抽象的用户需求级上，并且把从使用实例中获得的功能需求编入软件需求规格说明中。在这种方法中，将需要在使用实例和与之相关的功能需求之间建立可跟踪性。最好的方法是把所有使用实例和功能需求都存入数据库或者业务需求管理工具中，这将允许你定义这些跟踪性联系。

第三种方法是通过使用实例组织软件需求规格说明，并且包括使用实例和功能需求的说明。采用这种方法，无须独立编写详细的使用实例文档；然而，这也有不足，需要确定冗余的功能需求，或者对每个功能需求仅陈述一次，并且无论需求是否重复出现在其他使用实例中，都要参考它的原始说明。

8.2.4 使用实例的益处

使用实例方法给需求获取带来的好处来自该方法是以任务为中心和以用户为中心的观点。比起使用以功能为中心的方法，使用实例方法可以使用户更清楚地认识到新系统允许他们做什么。使用实例有助于分析者和开发人员理解用户的业务和应用领域。认真思考执行者—系统对话的顺序，使其可以在开发过程早期发现模糊性，也有助于从使用实例中生成测试用例。

有了使用实例，设计者得到的功能需求明确规定了用户执行的特定任务。使用实例技术防止了“孤立”的功能——这些功能在需求获取阶段似乎是一个好的见解，但没有人使用它们，它们并没有与用户任务真正联系在一起。

在技术方面，使用实例的方法也带来了好处。使用实例观点揭示了域对象以及它们之间的责任。开发人员运用面向对象的设计方法可以把使用实例转化为对象模型。进而，当业务过程随时间变化时，内嵌在特定的使用实例中的任务也会相应改变。如果跟踪功能需求、设计、编码和测试，甚至跟踪到它们之前的使用实例，即用户意见，就很容易看出整个系统中业务过程的优化。

8.2.5 避免使用实例陷阱

在使用实例的方法中应注意如下陷阱：

- 过多地使用实例。如果发现自己陷入使用实例的包围中，就可能不能在一个合适的抽象级上为之编写文档。不要为每一个可能的说明编写单独的使用实例，而是把普通过程、可选过程以及例外集成起来写入一个简单的使用实例。也不要把交互顺序中的每个步骤看成一个单独的使用实例。每个使用实例都必须描述一个单独的任务。你将获得比业务需求多很多的使用实例，但你的功能需求将比使用实例还多。每个使用实例都描述了一个方法，用户可以利用这个方法与系统进行交互，从而达到特定的目标。
- 使用实例的冗余。若相同的函数出现在多个使用实例中，那么就有可能多次重写函数的实现部分。为了避免重复，可以使用“包括”关系，将公共函数分离出来并写到一个单独的使用实例中，当其他使用实例需要该函数时，可以请求调用它。
- 使用实例中的用户界面的设计。使用实例应该把重点放在用户使用系统做什么，而不是关心屏幕上是怎么显示的。
- 使用实例中包括数据定义。例如，一些包括数据项和数据结构定义的使用实例，可以在该使用实例中操纵这些数据项和数据结构，包括数据类型、长度、格式和合法值。这个方法使项目的参与者难于找到他们需要的定义，因为使用实例中说明它包含的每一个数据定义是不明显的。这也可导致冗余的定义，当一个使用实例改变时，其他的使用实例没有改变，但破坏了同步性。应该把数据定义集中在适用于整个项目范围的数据字典中，以便在使用这些数据时减少不一致性。
- 试图把每个需求与一个使用实例相联系。使用实例可有效地捕捉大多数所期望的系统行为，但是可能有一些需求，这些需求与用户任务或其他执行者之间的交互没

有特定的关系。这时就需要一个独立的需求规格说明，在这个规格说明中可以编写非功能需求文档、外部接口需求文档以及一些不能由使用实例得到的功能需求支持。

8.3 对客户输入进行分类

永远不要希望客户会给需求分析者提供一个简洁、完整、组织良好的需求清单。分析者必须把代表客户需求的许多信息分成不同的类型，这样他们就能合理地编写信息文档并把它们用于最合理的方式上。下面讨论在听取客户需求过程中的一些建议，这将有助于对信息进行分类整理。用户需求分类如图 8-4 所示。

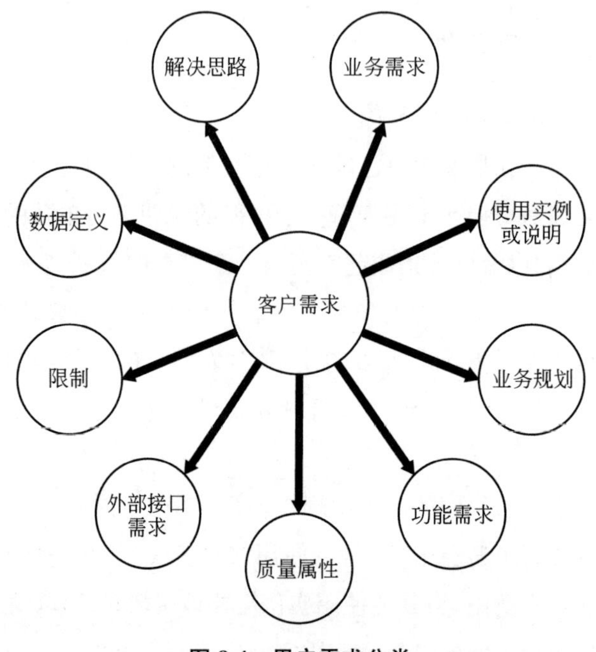

图 8-4　用户需求分类

(1) 业务需求。描述客户可以从产品中得到的资金、市场或其他业务利润的需求就是最可能的业务需求。

(2) 使用实例或说明。有关利用系统执行的业务任务或达到用户目标的陈述可能就是使用实例，特定的任务描述表示了用法说明。与客户一起商讨，把特定的任务概括成更广泛的使用实例。可以通过让客户描述他们的业务工作流活动获取使用实例。

(3) 业务规则。当一个客户说，一些活动只能在特定的条件下由一些特定的人完成时，该用户可能在描述一个业务规则。例如，“如果一个药剂师在危险生物制品培训方面是可靠的，那么他就可以在一级危险药品清单上订购生物制品”。业务规则是有关业务过程的操作原则。可以用一些软件功能需求加强规则，例如，让"生物制品跟踪系统"可以访问培训记录数据库。正如上面所说的，这里的业务规则不是功能需求。

(4) 功能需求。客户所说的诸如"用户应该能〈执行某些功能〉"或者"系统应该〈具备哪些功能〉"是最可能的功能需求。功能需求描述了系统展示的、可观察的行为，并且大多数处于执行者—系统响应顺序的环境中。功能需求定义了系统应该做什么，它们组成了软件需求规格的一部分。

(5) 质量属性。系统如何能很好地执行某些行为就是质量属性，这是一种非功能需求。听取描述合理特性的意见：快捷、简易、直觉性、用户友好、健壮性、可靠性、安全性和高效性。你将和用户一起商讨他们之前给出的模糊和主观言辞的一些需求描述的精确定义。

(6) 外部接口需求。这类需求描述了系统与外部的联系。软件需求规格说明必须包括用户接口和通信机制、硬件和其他软件系统的需求部分。客户描述外部接口需求包括如下习惯用语：

- "从〈某些设备〉读取信号"
- "给〈一些其他系统〉发送消息"
- "以〈某种格式〉读取文件"
- "能控制〈一些硬件〉"

(7) 限制。限制是指一些合理限制设计者和程序员选择的条件。它们代表了另一种类型的非功能需求，必须把这些需求写入软件需求说明。尽量防止客户施加不必要的限制。不必要的限制将会降低利用现有商业化软件集成解决方案的能力。下面是客户描述限制的一些习惯用语：

- "必须使用〈一个特定的数据库产品或语言〉"
- "不能申请多于〈一定数量的内存〉"
- "操作必须与〈其他系统〉相同"
- "必须与〈其他应用程序〉一致"

(8) 数据定义。当客户描述一个数据项或一个复杂的业务数据结构的格式、允许值或默认值时，他们正在进行数据定义。例如，密码由 6 个字母构成，后跟一个可选的短画线或一个可选的 4 位数字，默认为"aaaa"就是一个数据定义。把这些集中在一个数据字典中，作为项目参与者在整个项目开发和维护中的主要参考文档。

(9) 解决思路。如果一个客户描述了用户与系统交互的特定方法，以使系统产生一系列活动，这时你正在听取建议性的解决方案，而不是需求，所建议的解决方案使获取需求小组成员在潜在的真正需求上分散精力。获取需求时，应该把重点放在需要做什么，而不是新系统应该如何设计和构造。探讨客户为什么提出一个特定的实现方法，这可以帮助理解真正的需求和用户对如何构造系统的期望。

8.4　需求获取中的注意事项

在需求获取的过程中，你可能发现对产品范围的定义存在误差。如果项目范围太大，你将要收集比真正需要更多的需求，以传递足够的业务和客户的值，此时获取过程将会拖延；如果项目范围太小，客户将会提出很重要的但又在当前产品范围之外的需求，以致不能提供一个令人满意的产品。需求的获取将导致修改项目的范围和任务，但做出这样具有深远影响的变化一定要谨慎。

需求的获取应该把重点放在"做什么"上，但在分析和设计之间还是存在一定的距离。可以使用假设"怎么做"分类并改善你对用户需求的理解。在需求的获取过程中，分析模型、屏幕图形和原型可以使概念表达得更加清楚，然后提供一个寻找错误和遗漏的办法。

如果需求获取研习会中参与者过多，就会减慢进度。例如，50 位参与研讨会的成员对一些无关的细节进行无休止的争论，就会导致进度停滞不前。然而，当把参与研讨的人员缩减到 6 个人时，这个工作的进度就会马上加快，其实这 6 个人就可以代表每个位置的主要角色。

但是，从极少的代表那里收集信息也会造成问题，这将导致忽视特定用户类的重要的需求，或者其需求不能代表绝大多数用户的需要。最好的权衡在于，选择一些授权为他们的用户类发言的产品代表者，他们也被同组用户类的其他代表所支持。

8.5　如何知道何时完成需求的获取

没有一个清楚的信号暗示你什么时候已完成需求获取。当客户和开发人员聊天、阅读文献，他们都会对潜在产品产生新的构思。你不可能全面收集需求，但是下列的提示将会暗示你在需求获取过程中的结束点。

- 用户不能想出更多的使用实例；用户虽然提出新的使用实例，但你可以从其他使用实例的相关功能需求中获得这些新的使用实例，或这些新的使用实例可能是你已获取的其他使用实例的可选过程。
- 用户开始重复原先讨论过的问题。
- 用户提出的新需求比你已确定的需求的优先级都低。
- 用户提出对将来产品的要求，而不是现在讨论的特定产品。

出现诸如以上情况，也许你就完成了收集需求的工作。

- 用户总是按其重要性的顺序确定使用实例。

在项目的早期阶段，列出系统可能包括的功能区。在考虑多个项目的情况下，可能要列出公共函数的清单，如写错误日志、备份与恢复、预览功能、格式等。然后，在需求开发阶段，把确定的功能与原始列表进行比较。如果没有发现不一致性，你可能就完成了收集需求的工作。

下一步：

- 在你的项目或软件需求规格说明中选择一部分已经写好的客户意见输入。如图 8-4 所示，把包括在这一部分中的每一项进行分类。如果发现有些项并不是功能需求中要求的，就把它们放到软件需求规格说明中的正确位置上，或其他合适的文档中。
- 运用图 8-1 所示的使用实例模板为你的项目编写一个使用实例，包括所有可选过程和例外。定义功能需求，以使用户可以成功地完成这个使用实例。检查目前的软件需求规格说明中是否包含了全部的功能需求。
- 列出当前项目中用的所有需求获取的方法。哪个方法最有效？为什么？哪个方法不可行？为什么？确定你认为最好的需求获取技术，并决定下次怎样应用它们。记住你在进行这些工作时遇到的障碍和在克服这些障碍时机智有效的办法。

第 9 章　编写需求文档

在前几章，我们已经编写了包含业务需求的项目视图和范围文档，包含用户需求的实例文档。另外，还需要编写从使用实例派生出的一份综合性文档，描述的需求分为功能性与非功能性。

为了使开发小组和客户对将要开发的产品达成一致协议，这一协议包含了业务需求、用户需求与软件功能需求。该文档也是后续软件开发的依据。只有以结构化和可读性方式编写这些文档，并通过项目的风险承担者评审后，各方面人员才能确信他们编写的需求是可靠的。

下面介绍几种编写软件需求规格说明的方法。

(1) 用好的结构化模板编写文本型文档，多为自然语言。

(2) 编写形式化规格说明，可以使用数学上精确的形式化逻辑语言定义需求。

(3) 建立图形化模型，这些模型可以描绘转换过程、系统状态和它们之间的变化、数据关系、逻辑流或对象类和它们的关系。

图形化分析模型通过提供另一种需求视图，增强了软件需求规格说明。

9.1　软件需求规格说明

软件需求规格说明准确地阐述一个软件系统必须提供的功能和性能，以及它所考虑的多方面限制条件。软件需求规格说明不仅是系统测试和用户文档的基础，也是所有子系列项目规划、设计和编码的基础。它应该尽最大可能完整地描述系统预期的外部行为和用户可视化行为。除了设计和实现上的限制，软件需求规格说明不应该包括设计、构造、测试或工程管理的细节。

不同读者使用软件需求规格说明达到不同的目的，例如软件维护和支持人员依据软件需求规格了解产品的内容；软件开发小组依赖软件需求规格说明了解需要开发的产品是什么样的；客户、市场部、销售人员需要了解期望的产品是什么样的；项目经理根据包含在软件需求规格说明中描述的产品制订规划并预测进度安排、工作量和需要的资源;培训人员根据软件功能需求和用户文档编写培训材料;测试小组使用软件需求规格说明中对产品行为的描述制订测试计划、测试用例和测试过程等。

当在开始设计和构造之前编写整个产品大致的软件需求规格说明时,要采用反复的或渐增的方式编写需求规格说明,这时要看编写软件需求规格说明的人:

- 是否参加了系统的开发或策划;
- 是否可以一开始就确定所有的需求;
- 软件需求规格说明发行的版本数量。

基准是指正在开发的软件需求规格说明向已通过评审的软件需求规格说明的过渡过程,这是每个项目针对要实现的每个需求集合必须有的一个基准协议。一定要通过项目中定义的变更控制过程更改基准软件需求规格说明。

为构造并编写软件需求规格说明,并使用户和其他读者能够理解,以下是几点可读性的建议:

- 编写时每一节和单个需求的号码编排必须一致;
- 空格可以不限使用;
- 右边可以留下注释;
- 使用字处理程序中交叉引用的功能查阅文档中的其他项或位置,而不是通过页码或节号;
- 正确使用各种可视化强调不同字体的标志;
- 目录表和索引表的创建是非常有必要的;
- 对所有图和表指定号码和标识号,并且可按号码查阅。

9.1.1 标识需求

要满足软件需求规格说明的可修改性和可跟踪性的质量标准,必须确定每个软件需求。这在变更请求、交叉引用、修改历史记录或需求的可跟踪矩阵中查阅特定的需求时将变得非常重要。

要做出令人满意的效果,简单的项目列表是不够的。下面介绍几种不同的需求标识方法,并阐明它们的优缺点。

1. 层次化编码

层次化编码可能是最常用的方法,使用的管理工具可以自动为其分配一个序列号。若功能需求出现在软件需求规格说明中第3.3部分,那么它们将具有诸如3.3.1或3.3.1.7这样的标识号。标识号中的数字越多,表示该需求越详细,且属于较低层次上的需求。这种编码方法简单、紧凑,即使在一个中型的软件需求规格说明中,这些标识号也会扩展到许多位数字，并且这些标识也不提供任何有关每个需求目的的信息。如果要插入、删除或移去一个需求，那么该需求所在部分后所有需求的序号将增加或者减少。这些变化将破坏系统其他地方需求的引用。

对于这种简单的层次化编号的一种改进方法是：首先，对需求中主要的部分进行层次化编号，然后，对于每个部分中的单一功能需求，用一个简短的文字代码加上一个序列号识别。

2. 序列号

序列号是最简单的方法。通常赋予每个需求一个唯一的序列号。当一个新的需求加入商业需求管理工具的数据库之后，这些管理工具就会自动为其分配一个序列号。序列号的前缀代表了需求类型，如 UR-3 中，UR 代表“用户需求”。由于序列号不能重用，所以，当把需求从数据库中删除时，并不会释放该需求占据的序列号，新的需求只能得到下一个可用的序列号。这种简单的编号方法并不能提供任何相关需求在逻辑上或层次上的区别，而且需求的标识也不能提供任何有关每个需求内容的信息。

9.1.2 用户界面和软件需求规格说明

将用户界面的设计编入软件需求规格说明中有正反两方面作用。

消极方面：用户界面的布局不能替代定义功能需求。如果在完成了用户界面的设计之后才能确定软件需求规格说明，那么需求开发的过程将会花费很长时间，这将使只关心需求开发时间的经理、客户或开发人员失去耐心。把用户界面的设计加入软件需求规格说明，还意味着开发人员在更改一个用户界面的元素时必须相应更改需求的过程。不要指望开发人员可以从屏幕中推断出潜在的功能和数据关系。

积极方面：探索潜在的用户界面有助于精化需求并使用户—系统的交互对用户和开发人员更具有实在性。用户界面的演示也有助于项目计划的制订和预测。例如，可以数清 GUI 的元素数目或者计算与每个屏幕有关的功能点数目，然后估计实现这些屏幕功能所需的工作量。

最合理的做法是通过使用另一种方式表示需求，从而增强相互交流的能力，但并不增加对开发人员的限制，也不增加变更管理过程的负担。例如，一个复杂对话框的最初草案将描述支持需求部分的意图，但是一个有经验的设计者可以把它转化为一个带有标签组件的对话框，或使用其他方法提高其可用性。

9.1.3 处理不完整性

在某些问题上，如果缺少特定的需求信息，就会出现需求不确定的问题。为了解决这些不确定性，必须与客户商议、检查与另外一个系统的接口或者定义另一个需求。可使用“待确定”(to be determined,TBD)符号作为标准指示器强调软件需求规格,说明这些需求的缺陷。把每个TBD编号并创建一个TBD列表,通过这种方法,也可以在软件需求说明中方便地跟踪每个项目并查找需要澄清的部分。记录谁将解决问题、怎样解决以及什么时候解决。

要想继续构造需求集合,首先要解决所有的TBD问题,因为任何遗留下来的不确定问题都会增加返工的风险。当开发人员遇到一个TBD问题或其他不确定问题时,可能不会返回到最初的需求解决问题。多半开发人员都尝试对它进行猜测,但猜测并不总是正确的。如果有TBD问题尚未解决,而又必须继续进行开发工作,那么尽可能推迟满足这些需求,或者解决这些需求的开放式问题,把产品的这部分设计得易于更改。

9.2 软件需求规格说明模板

每个项目的开发组织应该统一采用一种标准的软件需求规格说明模板。下面介绍一些软件需求规格说明模板(Davis,1993;Robertson et al.,1999)。

大部分人会选择使用来自IEEE 830—1998的模板——“IEEE推荐的软件需求规格说明的方法”(IEEE,1998)。这是一个结构好并适用于许多种软件项目的灵活的模板。

图9-1描绘了从IEEE 830—1998改写并扩充的软件需求规格说明模板。即便某些内容与模板中的某部分不符合,也不可以删除,在旁边做好标注即可,这保证了所有的重要部分都被保留。所有的模板都包括一个内容列表和一个修正的历史记录,该记录包括对软件需求规格说明所做的修改、修改原因、修改日期和修改人员。

1. 引言
1) 目的
2) 文档约定
3) 预期的读者和阅读建议
4) 产品的范围
5) 参考资料
2. 综合描述
1) 产品的前景
2) 产品的功能
3) 用户类和特征
4) 运行环境
5) 设计和实现上的限制
6) 假设和依赖
3. 外部接口需求
1) 用户界面
2) 硬件接口
3) 软件接口
4) 通信接口
4. 系统特性
1) 说明和优先级
2) 激励/响应序列
5. 功能需求
6. 其他非功能需求
1) 性能需求
2) 安全设施需求
3) 安全性需求
4) 软件质量属性
5) 业务规则
6) 用户文档
7. 其他需求
附录A: 词汇表
附录B: 分析模型
附录C: 数据字典
附录D: 待确定问题的列表

图9-1 软件需求规格说明模板

功能点是对一个应用程序中用户可见功能的数量的测量，与如何构造功能无关。可以根据内部逻辑文件、外部接口文件以及外部输入、输出和请求的数量，从对用户需求的理解中估计功能点(IFPUG,1999)。

下面描述图 9-1 所示的模板中每一部分应包含的信息。注意，不要生搬硬套这个模板，应该把这个模板转换为需要的文档。

1. 引言

引言是对整个软件系统详细的设计报告的纵览，目的是为了帮助阅读者了解这份文档是如何编写的，并且应该如何阅读、理解和解释这份文档。

1）目的

目的是说明软件需求规格说明的主要目标，描述软件规格说明定义的产品或某些产品部分，如果这份软件系统详细设计报告只与整个系统的某一部分有关，那就只定义软件系统详细设计报告中说明的那部分或子系统。

2）文档约定

文档约定描述编写文档时采用的标准或排版约定，包括部件编号方式、界面编号方式、命名规范等。

3）预期的读者和阅读建议

预期的读者和阅读建议列举了本软件需求规格说明针对的各种不同的预期读者，如开发人员、项目经理、测试人员或文档的编写人员；描述了文档中其余部分的内容及其组织结构，并且针对每一类读者提出最合适的文档阅读建议。

4）产品的范围

产品的范围提供了对指定的软件及其目的的简短描述，包括利益和目标；把软件与企业目标或业务策略相联系。

5）参考资料

参考资料列举了编写软件需求规格说明时用到的参考文献及其他资源，可能包括本项目的合同书、本项目已经批准的计划任务书、用户的界面风格指导、使用实例文档、开发本项目时用到的标准。为了方便读者查阅，所有参考资料应该按一定顺序排列。如果可能，每份资料都应该给出标题名称、作者或者合同签约者、文件编号或者版本号、发表日期或者签约日期、出版单位或者资料来源。

2. 综合描述

这部分概述了正在定义的产品以及它所运行的环境、使用产品的用户和已知的限制、假设和依赖。

1）产品的前景

产品的前景描述了软件需求规格说明中定义的产品的背景和起源；说明了该产品是否

为产品系列中的下一成员，是否为成熟产品所改进的下一代产品，是否为现有应用程序的替代品，或者是否为一个新型的、自含型产品。如果软件需求规格说明定义了大系统的一个组成部分，那么就要说明这部分软件是怎样与整个系统关联的，并且要定义出两者之间的接口。

2）产品的功能

产品的功能概述了产品具有的主要功能。例如，用列表的方法给出。很好地组织产品的功能，使每个读者都易于理解。用图形表示主要的需求分组以及它们之间的联系。

3）用户类和特征

确定可能使用该产品的不同用户类，并描述它们的特征（见第 7 章）。有些需求可能只与特定的用户类相关。将该产品的重要用户类与不太重要的用户类区分开。

4）运行环境

运行环境描述了软件的运行环境，包括硬件平台、操作系统和版本，还有其他的软件组件或与其共存的应用程序。

5）设计和实现上的限制

确定影响开发人员自由选择的问题，并说明这些问题为什么成为一种限制。可能的限制包括如下内容。

- 硬件限制，如定时需求或存储器限制。
- 必须使用或者避免的特定技术、工具、编程语言和数据库。
- 数据转换格式标准的限制。
- 所要求的开发规范或标准。
- 企业策略、政府法规或工业标准的限制。

6）假设和依赖

列举出在软件需求规格说明中影响需求陈述的假设因素（与已知因素对立）。一旦假设与后期实现不一致且有变动，项目就会受到不必要的影响。这些假设的因素可能包括计划使用的商业组件，或者其他软件中的某个部件、假设产品中的某个用户界面将符合一个特殊的设计约定、有关本软件开发工作的若干假定、有关本软件运行环境的一些问题等。

此外，确定本软件开发项目对外部因素存在的依赖。有关的约束可能包括工期约束、经费约束、人员约束、设备约束、地理位置约束、其他有关项目约束等。

3. 外部接口需求

确保新产品与外部组件正确连接的需求可以参考本章。关联图表示了高层抽象的外部接口，必须对接口数据和外部组件进行详细的描述，并且写入数据定义内。如果产品的不同部分有不同的外部接口，就应把这些外部接口的详细需求并入这部分的实例中。

1）用户界面

用户界面描述每个用户界面的逻辑特征，陈述所需要的用户界面的软件组件。以下是

可能包括的一些特征。

- 快捷键。
- 屏幕布局或解决方案的限制。
- 将出现在每个屏幕的标准按钮、功能或导航链接(如一个帮助按钮)。
- 将要使用在每个屏幕(图形用户界面)上的软件组件。
- 将要采用的 GUI 标准或产品系列的风格。
- 错误信息显示标准。
- 有关屏幕布局或者解决方案的限制。

注意,一个特定对话框的布局应该写入一个独立的用户界面规格说明中,不能写入软件需求规格说明中。

2) 硬件接口

硬件接口描述待开发的软件产品与系统硬件接口的特征。这种描述可能包括支持的硬件类型、软硬件之间交流的数据和控制信息的性质以及使用的通信协议。

3) 软件接口

软件接口描述该软件产品与其他外部组件的连接(这些外部组件必须明确它们的名称和版本号以便识别),可能的外部组件(如数据库、工具、操作系统、函数库以及集成的商业组件)明确并描述在软件组件之间交换数据或消息的目的;描述所需要的服务以及内部组件通信的性质;确定将在组件之间共享的数据。如果必须用一种特殊的方法实现数据共享机制,例如在多任务操作系统中的一个全局数据区,就必须把它定义为一种实现上的限制。

4) 通信接口

通信接口描述与产品使用的通信功能相关的需求,包括 Web 浏览器、电子邮件、网络通信标准或协议、电子表格等;必须定义相关的消息格式;规定通信安全或加密问题、数据传输速率和同步通信机制。

4. 系统特性

在图 9-1 所示的模板中,功能需求是根据系统特性(即产品提供的主要服务)组织的。你的任务是挑选出一种使读者易于理解预期产品的组织方案。

仅用简短的语句说明特性的名称。无论想说明何种特性,阐述每种特性时都将重述下列两个系统特性。

1) 说明和优先级

对该系统特性进行简短说明并指出该特性的优先级是高、中,还是低。

2) 激励/响应序列

列出输入激励(用户动作、来自外部设备的信号或其他触发器)并且定义针对这一功能行为的系统相应序列,这些序列与使用实例中相关的对话元素对应。

描述激励/响应序列时，不但需要描述基本过程，而且应该描述可选（扩充）过程，包括一些不能完成项目时的因素。如果遗漏例外过程，则有可能引发系统崩溃，忽略了可选过程，有可能影响软件产品的功能；如果采用流程图描述激励/响应序列，更易于让用户理解。

5. 功能需求

列出与该特性相关的详细功能需求。必须提交给用户的软件功能，使用户可以使用提供的特性执行任务或者使用指定的使用实例执行任务。功能需求还须描述产品如何响应可预知的出错条件、非法输入或动作。

6. 其他非功能需求

下面列举出所有非功能需求，而不是外部接口需求和限制。

1）性能需求

分别阐述不同的应用领域对产品性能的需求，解释它的原理，帮助开发人员合理选择方案。确定相互合作的用户数或者所支持的操作、响应时间以及与实时系统的时间关系。尽可能详细地确定性能需求。可能需要针对每个功能需求或特性分别陈述其性能需求，而不是把它们都集中在一起陈述。

2）安全设施需求

说明产品使用过程中可能发生的损失、破坏或危害相关的需求。其中必须有遇到危险时的安全保护或动作，以及预防潜在的危险动作。明确产品必须遵从的安全标准、策略或规则。

3）安全性需求

我们将会对产品的创建和使用时产生的数据进行保护。定义用户身份确认或授权需求。明确产品必须满足的安全性或保密性策略。

4）软件质量属性

详尽陈述与客户或开发人员至关重要的在软件产品其他方面表现出的质量功能。这些功能必须是确定的、定量的并在可能时是可验证的。至少应指明不同属性的相对侧重点，例如易用程度优于易学程度，或者可移植性优于有效性。

5）业务规则

列举有关产品的所有操作规则，如哪些人在特定环境下可以进行何种操作。这些本身不是功能需求，但它们可以暗示某些功能需求执行这些规则。

6）用户文档

列举将与软件一同发行的用户文档部分，如用户手册、在线帮助和教程；明确所有已知的用户文档的交付格式或标准。

7. 其他需求

定义在软件需求规格说明的其他部分未出现的需求，如国际化需求或法律上的需求。

如果需要，还可以添加有关操作、管理和维护部分，完善产品安装、配置、启动和关闭、修复和容错等方面的需求。在模板中加入与项目相关的新部分。如果不需要增加其他需求，可省略这一部分。

附录 A：词汇表

列出文件中用到的专业术语的定义，以及有关缩写的定义（如有可能，列出相关的外文原词）。为了便于非软件专业或者非计算机专业人士阅读软件产品需求分析报告，要求使用非软件专业或者非计算机专业的术语描述软件需求。所以，这里的专业术语是指业务层别上的专业术语，不是软件专业或者计算机专业的术语。但是，无法回避的软件专业或者计算机专业术语也应列入词汇表并加以准确定义。

附录 B：分析模型

分析模型也称为需求模型，这个可选部分包括或涉及各种各样的分析模型，如数据流图、类图、状态转换图或实体—关系图（详见第 10 章）。

附录 C：数据字典

定义数据流图中出现的每个元素的详细说明，包括数据流条目、文件条目和加工条目（详见 9.4 节数据字典）。

附录 D：待确定问题列表

编辑一张在软件需求规格说明中待确定问题的列表，其中每个表项都编了号，以便于跟踪调查。

9.3 编写需求文档的原则

编写需求文档没有固定的方法，要根据组织与个人的经验和项目情况对模板进行修改，采用应用模板、适用为主，优化模板、实用为本的原则编写文档。

下面给出了编写文档的几点建议：

- 编写具有正确的语法、拼写和标点的完整句子。
- 保持语句和段落简短、明了。
- 采用主动语态的表达方式。
- 使用的术语与词汇表中定义的术语应该一致。
- 需求陈述应该具有一致的样式，且须统一，如“系统必须……”或者“用户必须……”。
- 少用让人捉摸不透的术语，避免使用比较性的词汇。

注意，不要让过于详细的需求影响设计。如果能用不同的方法满足需求且这些方法都是可接受的，那么所编写的需求文档的详细程度也就足够了。然而，若评审软件需求规格说明的设计人员对客户的意图还不了解，就需要增加额外的说明。

编写人员希望编写一个令自己满意的需求文档。一个有益的原则是编写单个可测试需求文档。如果想出一些相关的测试用例可以验证这个需求能够正确地实现，那么就达到了合理的详细程度。如果预想的测试很多并且很分散，可能就要将一些集合在一起的需求分离开。建议将可测试的需求作为衡量软件产品规模大小的尺度（Wilson，1995）。

文档的编写人员在编写软件需求规格说明时不应该出现需求冗余，即不应该把多个需求集中在一个冗长的叙述段落中。在需求中诸如“和”“或”之类的连词就表明该部分集中了多个需求，故不要在需求说明中使用“和”“或”“等等”之类的连词。

虽然在不同的地方出现相同的需求可能更便于阅读文档，但这也造成维护上的困难。需求的多个实例需要同时更新，以免造成需求在各实例之间的不一致。在软件需求规格说明中交叉引用相关的各项，在进行更改时有助于保持它们之间的同步。让独立性强的需求在需求管理工具或数据库中只出现一次，这样可以缓和冗余问题。

文档的编写人员必须以相同的详细程度编写每个需求文档。我曾见过在同一份软件需求规格说明中，对需求的说明五花八门。例如，“组合键 Control-S 代表保存文件”和“组合键 Control-P 代表打印文件”被当成两个独立的需求。然而，“产品必须响应以语音方式输入的编辑指令”则被作为一个子系统，而并不作为一个简单的功能需求。

适合某种模式的需求编号列表的表格化示例见表 9-1。

表 9-1　适合某种模式的需求编号列表的表格化示例

管区	带标记格式	无标记格式	ASCII 格式
联邦	ED-13.3	ED-13.1	ED-13.3
州	ED-13.5	ED-13.3	ED-13.6
地区	ED-13.7	ED-13.6	ED-13.9
国际	ED-13.12	ED-13.11	ED-13.12

文档的编写人员应考虑用最有效的方法表达每个需求。考虑符合如下句型的一系列需求：

注：“文本编辑器应该能分析定义有 ＜管区＞法律的＜格式＞文档”。在 12 种相似的需求中，＜格式＞可能取的值有 3 种，＜管区＞可能取的值有 4 种。

9.4　数据字典

为了缓和开发成员集成性问题，数据字典可以把不同的需求文档和分析模型紧密结合在一起。数据字典的维护独立于软件需求规格说明，并且在产品的开发和维护的任何阶段，

各个风险承担者都可以访问数据字典。每个项目都应该有自己的独立字典。

在数据字典中，可以使用简单的符号表示数据项。项写在等号左边，其定义写在等号右边。这种符号定义了原数据元素、组成结构体的复杂数据元素、重复的数据项、一个数据项的枚举值以及可选的数据项。

(1) 组合项。一个数据结构或记录包含了多个数据项。如果数据结构中的项是可选的，就把它用括号括起来。

(2) 选择项。如果一个原数据项元素可以取得有限的离散值，就把这些值列举出来。

(3) 在创建数据字典和词汇表上花费的时间可以大大减少由于项目的参与者对一些关键信息的理解不一致带来的时间浪费。如果保持词汇表和数据字典的正确性，那么在系统的整个维护期间和相关的及以后的产品开发中，它们将是很有价值的工具。

(4) 重复项。如果一个项的多个实例将出现在数据结构中，就把该项用大括号括起来。

(5) 原数据元素。一个原数据元素是不可分解的，可以给它赋予一个数量值。原数据的定义必须确定其数据类型、大小、允许取值的范围等。典型的原数据元素的定义是一行注释文本，并以星号作为界限。

请求标识号＝*6位系统生成的顺序整数，以1开头，并能唯一标识每个请求*。

下一步：

- 召集一个由3～7个项目的风险承担者组成的小组正式评审项目中的软件需求规格说明，确保每个需求规格说明都是清晰的、可行的、可验证的及无二义性的等。寻找规格说明中不同需求间的冲突，以及软件需求规格说明中遗漏的部分。通过检查软件需求规格说明，确保纠正了在软件需求规格说明中及其后续产品里出现的错误。
- 如果公司对需求文档没有标准的格式，就召集一个小的工作组讨论决定采纳一个标准的软件需求规格说明模板。从图9-1的模板开始并改编这个模板，使其最好适合你的项目和产品。在标识需求方面也要一致。
- 从软件需求规格说明中取出一页功能需求说明，检查每个语句，看它是否与好的需求特性相符，重写不符合的需求。

第二部分　软件需求工程

第10章　需求的图形化分析

引例四

“生物同位素标记系统”的项目开发组正在进行第一次软件需求规格说明的评审。参加者有Dave(项目经理)、Lori(需求分析者)、Helen(高级程序员)、Ramesh(测试专家)、Tim(生物制品的产品代表者),还有Roxanne(生物制品仓库的产品代表者)。Tim开始说:“我阅读过整个软件需求规格说明,大部分都符合我的需求,但是有几部分我很难同意。我不能确信在生物制品请求过程中已确定这些步骤”。

Ramesh补充说:“当一个请求通过系统时,我很难想象用于覆盖该请求状态变化的所有测试用例。我发现许多关于状态变化的需求都散布在整个软件需求规格说明中,但我无法确定是否有一些需求遗漏了或存在不一致性”。

Roxanne有一个类似的问题。“当我阅读了如何真正请求一种生物药品时,感到困惑”,她说,“单个需求是能感觉到的,但我难以想象我要完成的步骤顺序”。在各评审员提出其他相关的问题后,Lori作了总结:“看来,软件需求规格说明似乎没有完全告诉我们对于理解系统所需的各个方面,也不能确保我们没有错过一个需求或不犯任何错误。我将画一些图帮助大家想象这些需求,并看一下能否澄清这些问题。谢谢你们的反馈意见”。

根据在需求方面的权威Alan Davis的见解,仅看需求并不能提供对需求的完全理解(Davis,1995),第一需要是把用文本表示的需求和用图形的需求结合起来,绘制出对预期系统的完整描述,它帮助检测不一致性、模糊性、错误和遗漏,增强对系统需求的理解必须有这些模型。在项目的参与者之间,对于某些类型的信息,图形化交互比文本交互更高效,并且可以在不同的开发组成员之间扫清语言和词汇上的障碍。本章将简要介绍需求建模技术,这些技术有助于理解用户的业务问题和软件需求。

10.1　需求建模

有的内容都包括在一个完整的需求描述中。最终得出一个结论:不存在一个包罗万象的图。早期的结构化系统分析的目标是用比叙述文本更正式的图形表示替换整个分类功能

规格说明(DeMarco,1979)。然而,经验告诉我们:分析模型应该增强自然语言的需求规格说明,而不是替换之(Davis,1995)。

需求的图形化表示的模型包括开发过程模型、信息流模型(DFD)、设计模型(SADT)、交互作用模型、状态迁移模型、过程成熟模型等。有一些非常规的建模方法也是有价值的。一个项目开发组利用项目规划工具为嵌入式软件产品成功地画出时间需求,其工作在毫秒级,而不是以天或星期计算。这些模型有助于解决设计软件的问题,而且对详述和探索需求也是有益的。作为需求分析工具,可以用这些图对问题域进行建模,这样有助于分析者和客户在需求方面形成一致的、综合的理解,并且还可以发现需求的错误。

建模的定时和目的(timing and intent of the modeling)取决于需求分析方面或设计方面。在需求开发中通过建立模型确信理解了需求。模型描述了问题域的逻辑方面,如数据组成、事务和转换、现实世界对象和允许的状态。也可以从文本需求出发从不同的角度考虑这些需求,或者可以从所画的基于用户输入的模型获得功能需求。在设计阶段,不是从逻辑上画出模型明确说明将如何实现该系统,而是从物理上考虑:规划建立的数据库,用举例说明的对象类,还有将要开发的编码模块。本章叙述的分析建模技术是由各种商业计算机辅助软件工程或 CASE 工具支持的。CASE 工具提供了普通画图工具没有的许多性能。首先,这些工具通过交互画图,易于对模型进行改进。不可能第一次就画出一个正确的模型,因此,在系统建模中提供交互功能是成功的关键(Wiegers,1996)。第二,CASE 工具知道它们所支持的每一种建模方法的规则。可以验证模型,并且识别人们在评审图形时没有发现的错误。这种工具可以把多系统图形一起连接到数据字典中,以共享数据定义,有助于保持模型之间的一致性,并使模型与软件需求规格说明中的功能需求保持一致。

分析模型方便了项目参与者在系统的某些方面的交流。可能不需要整个系统的模型集,只需关注建模中系统最复杂、最关键的部分,这部分最容易产生模糊性。这里表示的符号为项目的参与者提供了统一的语言,但是也可以使用非正式的图增强口头和书面的方案交流。

10.2 从客户需求到分析模型

通过认真听取客户陈述它们的需求,分析者可以挑选出关键字,这些关键字可以翻译成特定的分析模型元素。表 10-1 建议了一些可能的映射,根据客户输入,把重要的名词和动词映射成特定的模型组件,这将在本章的后面部分介绍。当把客户输入转化为书面的需求或模型时,还可以根据模型的每个组件回溯到需求部分。

本书已经使用“生物制品跟踪系统”作为一个学习的例子。基于此例子,考虑如下用户需求部分,这些需求是由代表生物制品用户类的产品代表者提供的。由于用图示例的缘故,一些模型所示的信息可能会超出这部分包含的信息，而另一些模型可能只描述部分信息。

表 10-1 把客户的需求关联到分析模型的组件

单词类型	例　子	分析模型组件
名词	• 人、组织、软件系统、数据项或者存在对象	• 端点或数据存储(DFD)
		• 实体或它们的属性(ERD)
		• 类或它们的属性(类图)
动词	• 行为、用户可做的事或可发生的事件	• 过程(DFD)
		• 关系(ERD)
		• 转化(STD)
		• 类操作(类图)

> 一位生物学家或生物制品仓库人员可以提出对一种或多种生物制品的请求。对该请求的执行可以有两种途径：一是传送一个存在于生物制品仓库清单上的生物制品容器；二是向外界供应商提交一份订购新的生物制品的订单。提出请求的人在准备他/她的请求时，应该可以通过在线查找供应商目录表找到特定的生物制品。系统需要从请求准备直到请求执行或取消这一阶段跟踪每一个生物制品的状态。系统还必须保持跟踪每个生物制品容器的历史记录，从生物制品容器到达公司到它完全被消耗或废弃为止。

10.3 数据流图

数据流图(data flow diagram，DFD)是描述系统内部处理流程表达软件需求模型的一种图形工作，即描述系统中数据流程的图形工具。一个数据流图确定了系统的转化过程、系统操纵的数据或物质的收集(存储)，还有过程、存储、外部世界之间的数据流或物质流。数据流模型把层次分解方法运用到系统分析上，这种方法适用于事务处理系统和其他功能密集型应用程序。通过加入控制流元素后，数据流图技术就可以扩充到允许实时系统的建模。

数据流图是当前业务过程或新系统操作步骤的一种表示方法，可以在一个抽象的广泛范围内表示系统。在一个多步骤的活动中，高层数据流图对数据和处理部分提供一个整体的统览，这是对包含在软件需求规格说明中的精确、详细叙述的补充。数据流图描述了软件需求规格说明中的功能需求怎样结合在一起使用户可以执行指定的任务，如一种生物制品。我与用户一起讨论业务过程时，经常绘制数据流图。图中反馈的信息有助于对探讨的任务流的理解进行提炼加工。

图 6-2 所示的关联图是数据流图最高层的抽象。关联图把整个系统表示成一个简单的

黑匣子的过程，并用一个圆圈表示。关联图还表示出外部实体或与系统有关的端点，以及在系统与端点之间的数据和物质流。在关联图中，元素之间的流往往代表复杂的数据结构，这些数据结构在数据字典中定义。

系统可划分为主要部分或过程，可以把关联图详述成 0 层数据流图。在关联图中，代表整个"生物制品跟踪系统"的单一过程圆圈被细分成 7 个主要过程。在关联图中，端点用矩形框表示。关联图中所有的数据流也出现在 0 层数据流图上。此外，0 层数据流图包含了许多数据存储(data store)，它用一对水平的平行线表示，由于数据存储在系统内部，因此它们并不出现在关联图中。从圆圈到数据存储的流表示数据放入数据存储器，从数据存储器出来的流表示一个读操作，而数据存储器和圆圈之间的双向箭头则表示一个更新操作。

在 0 层图中，每个独立的圆圈代表的过程可以进一步扩展成一个独立的数据流图，以揭示系统中程序的细节部分。这种循序渐进的细化过程可以继续进行，直到最低层的图仅描述原子过程操作为止，这些原子操作可以清楚地表示叙述文本、伪码、流程图或程序代码。软件需求规格说明中的功能需求将精确地定义每个原子过程的行为。每一层数据流图必须与它上一层数据流图保持平衡和一致，因此，子图的所有输入输出流都要与其父图匹配。高层图中复杂的数据流可以分解到低层数据流图中，并把这些数据结构写入数据字典中。

第一次看，图 10-1 可能有点混乱。然而，如果仔细观察每一个过程周围的环境，就会看到该过程的输入和输出数据项，还有它们的源和目的地。与数据存储相连的流可以引起建立或消耗数据存储内容的过程。为了看清一个过程如何使用数据项，需要画出更详细的 DFD 子图或者参考系统有关部分的功能需求。

以下是绘制数据流图的一些规则。并不是每个人都要遵循这些规则，但是这些规则很有用。利用模型增进项目参与者之间的交流很重要。

- 把数据存储放在 0 层数据流图或更低层子图上，不要放在关联图上。
- 过程是通过数据存储进行通信，而不是从一个过程直接流到另一个过程。类似地，数据不能直接由一个数据存储直接流到另一个数据存储，必须通过一个过程圆圈。
- 用一个简明的动作命名过程：动词 ＋对象。数据流图中用的名字应对客户有意义，并且与业务或问题域相关。
- 对过程的编号要唯一且具有层次性。在 0 层图上，每个过程的编号用整数表示。如果为过程 3 创建子图，则子图中的过程编号应表示为 3.1，3.2，3.3 等。
- 不要在一个图中绘制多达 7～10 个以上的过程，否则很难绘制、更改和理解。
- 不要使某些圆圈只有输入或只有输出。数据流图中的圆圈代表的处理过程通常要求既有输入，又有输出。

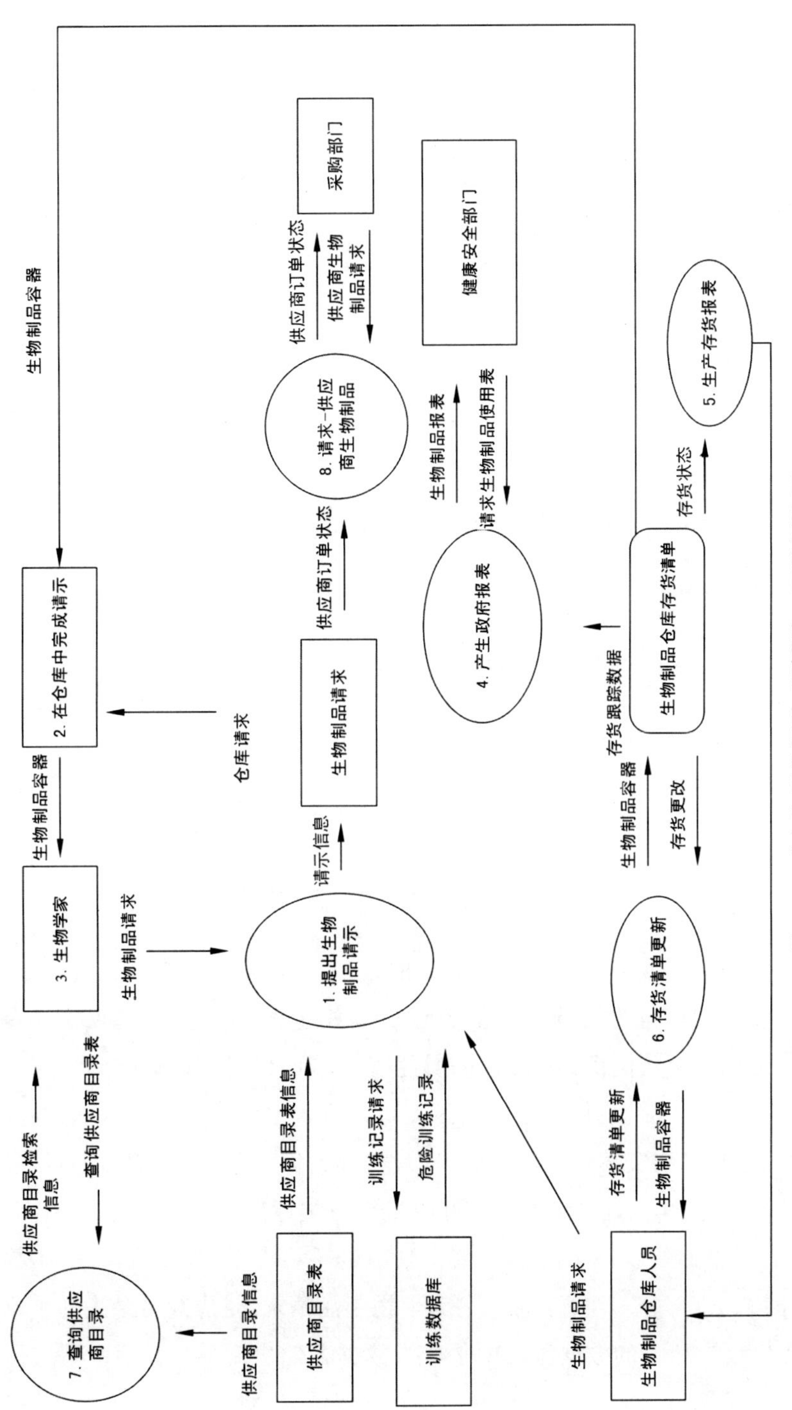

图 10-1 “生物制品跟踪系统”的 0 层数据流图

10.4 实体联系图

与数据流图描绘了系统中发生的过程一样，实体联系图（entity-relationship diagram，ERD）描绘了系统的数据关系（Wieringa，1996）。实体联系图表示来自问题域及其联系的逻辑信息组，可以将实体联系图作为需求分析的工具。分析实体联系图有助于对业务或系统数据组成的理解和交互，并暗示产品将有必要包含一个数据库。相反，当在系统设计阶段建立实体联系图时，通常要定义系统数据库的物理结构。生物制品跟踪系统的实体联系图如图 10-2 所示。

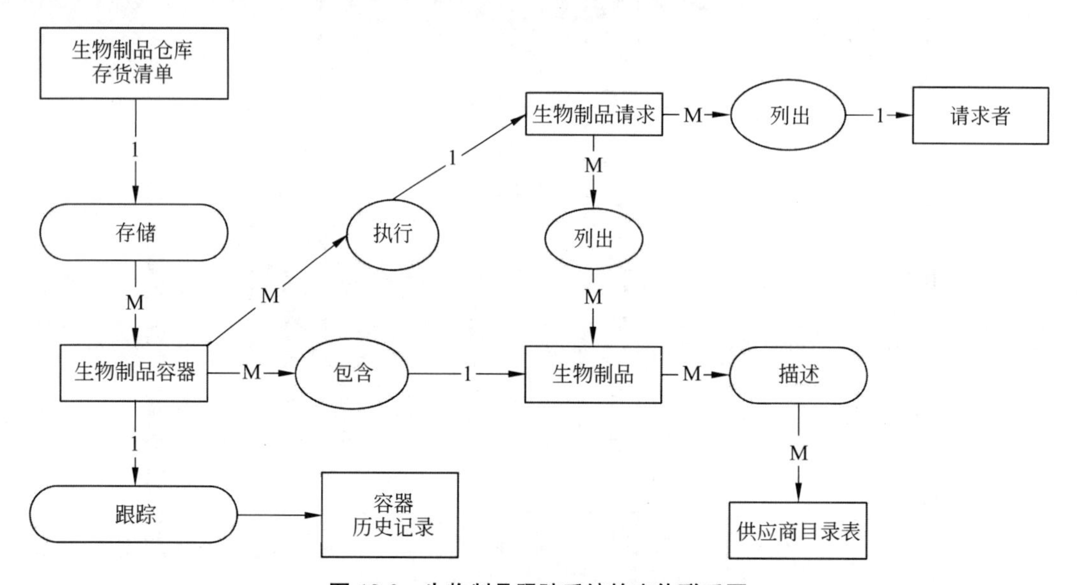

图 10-2 生物制品跟踪系统的实体联系图

实体（entity）：数据项（包括操纵数据项目的人）或者数据项的集合，它包含的各数据项是它的属性（attribute），这对所分析的业务或所要构造的系统很重要（Robertson et al.，1994）。每个实体的单个实例都具有不同的属性值。在 ERD 中，实体用矩形框表示，用一横线将矩形分为两部分，上面填写实体名，下面填写其所含的各个属性。例如，物资目录这个实体可描述为物资目录物资编号（WZBH，key）、物资名称（WZMC）、规格型号（GGXH）、计算单位（JSDW）、批量（PL）、计划单价（JHDJ）、ABC 分类标记（ABC）、当前库存（DQKC）、最高储备（ZGCB）、最低储备（ZDCB）、末次出库日期（CKRQ）。图 10-2 描绘了“生物制品跟踪系统”实体联系图的一部分。注意：被命名为生物制品请求、供应商目录表和生物制品仓库存货清单的实体在图 10-1 的数据流图中是作为数据存储出现的。其他一些实体代表与系统交互的操作员（请求者），业务运转中的一部分物理项（生物制品容器）、数据块等，并不出现在 0 层数据流图中，但将出现在一个更低层的数据流图中（容器的历史记录、生物制品）。

每一实体用几个属性(attribute)描述;每一实体的单个实例具有不同的属性值。例如,每一个生物制品的属性包括一个唯一的生物制品标识号、它的正式生物制品名称和它的生物结构的图形表示。数据字典中包含这些属性的详细定义,保证了实体联系图中的实体和在数据流图中相应的数据存储定义一致。

实体联系图中的实体和在数据流图中相应的数据存储定义见表 10-2。

表 10-2 实体联系图中的实体和在数据流图中相应的数据存储定义

关系名	表示方法	含 义
一对一	实体 A 实体 B	实体 A 和实体 B 为一对一关系:对于 A 中每个记录,B 中有 0 个或一个相应记录;反之,对于 B 中每个记录,A 中有 0 个或一个相应记录
一对多	实体 A 实体 B	A 和 B 为一对多的父子关系:对于 A (父)中每个记录,B(子)中有一个或多个相应记录;对于 B 中每个记录,A 中有唯一的一个相应记录
多对多	实体 A 实体 B	A 和 B 为多对多的关系:对于 A 中每个记录,B 中有一个或多个相应记录;反之,对于 B 中每个记录,A 中有一个或多个相应记录
无关	实体 A 实体 B	A 和 B 无关

关系(relationship):用实体联系图中的菱形框表示,它确定了实体对之间逻辑上和数量上的联系。关系按照关联的属性命名。例如,请求者和生物制品请求之间的关系被称为"提出"(placing),因为一个请求者提出一个生物制品的请求,或者,一个生物制品请求被一个请求者提出。在需求分析时绘制实体联系图是你知道一个组织的业务或新系统的重要数据元素的好方法。当我在一个业务过程再建工程小组担任信息技术代表时,我就使用过这种技术。当开发组提出一个新的过程流时,我总是要问负责每个新过程步骤的开发组成员:执行这些步骤需要什么数据项。我还问他们由这些步骤创建的哪些数据项要存储起来备用。

与这些过程步骤的拥有者商讨之后,我们定位调整所有步骤需要的数据和所生成的数据。利用这种关联关系可以发现不能在系统中产生所需要的数据项,还可以发现只被存储而未使用过的数据。最终,可以用一个实体联系图和一个数据字典记录这些数据关系,这可以为新的业务过程提供一个数据组成的概念性框架。这些分析工具可以增强对问题的理解,即使从未构造过软件系统支持新的业务过程,也是值得的。

10.5 状态转换图

实时系统和过程控制应用程序可以在任何给定的时间内以有限的状态存在。在满足定义的标准时,状态会发生改变。例如,在特定条件下接收到一个特定的输入激励。这样的系统是有限状态机的例子。此外,许多业务对象(如销售订单、发票,或存货清单项)的信息系

统处理是贯穿着复杂生存周期的；此生存周期也可以看成有限状态机。大多数软件系统需要一些状态建模或分析，就像大多数系统涉及转换过程、数据实体和业务对象。

用自然语言描述一个复杂的有限状态机可能会忽略一个允许的状态改变或者引起一个不允许的改变。与状态机的行为有关的需求可能多次出现在软件需求规格说明中，它取决于软件需求规格说明是如何组织的。这对综合理解系统行为造成困难。

状态转换图(state-transition diagram，STD)为有限状态机提供了一个简洁、完整、无二义性的表示(Davis，1993)。

状态转换图包括以下 3 种元素：

(1) 用矩形框表示可能的系统状态。

(2) 用箭头连接一对矩形框，表示允许的状态改变或转换。

(3) 用每个转换箭头上的文本标签表示引起每个转换的条件。标签经常既指示条件，也指示相应的系统输出。

状态转换图没有表示系统所执行的处理，只表示了处理结果可能的状态转换。对于软件系统中只能存在于特定状态的那一部分，可以使用状态转换图建模。特定状态指诸如汽车巡航控制系统等实时世界实体的行为，或者指系统操纵的个体项状态。

状态转换图有助于开发人员理解系统的预期行为，它对于检查所要求的状态和转换是否已全部正确写入功能需求中也是一个好方法。测试者可以从覆盖所有转换路径的状态转换图中获得测试用例。用户只要稍微学一些符号，就可以读懂状态转换图。

回想一下，“生物制品跟踪系统”中的一个主要功能是允许称为请求者的操作员提出对生物制品的请求，这一请求可以由生物制品仓库中的存货清单执行完成，也可以通过向外界供应商发出订单执行完成。每一个请求在创建到完成或取消这一时间段内将经历一系列可能的状态。于是，可以把生物制品请求的生存周期看成一个有限状态机，其建模如图 10-3 所示。这个状态转换图说明了一个请求可取表 10-3 所示的 7 种状态中的一种。

表 10-3 状态转换的相关步骤

类　型	步　骤
准备(in preparation)	请求者正在创建一个新的请求，已经从系统的其他部分进入那个功能
延迟(postponed)	请求者存储他/她的工作以备后用，而并不向系统提交请求或者取消请求
接受(accepted)	用户提交一个完整的生物制品请求，系统判断该请求顺序是否有效，如果有效，就接受该请求进行处理
提出(placed)	采购员向供应商订货，并且外部供应商必须满足请求
执行完成(fulfilled)	通过从生物制品仓库交付一个生物制品容器给请求者，或者收到供应商的生物制品收据时才能使请求得以满足

续表

类　　型	步　　骤
执行完成(fulfilled)	订单返回(back-ordered)——供应商没有可用的生物制品,他通知采购员货物订购以后再交付
取消(canceled)	在请求执行完成之前,请求者取消一个已被接受的请求,或者采购员在订单执行完成或返回订单之前取消供应商订单

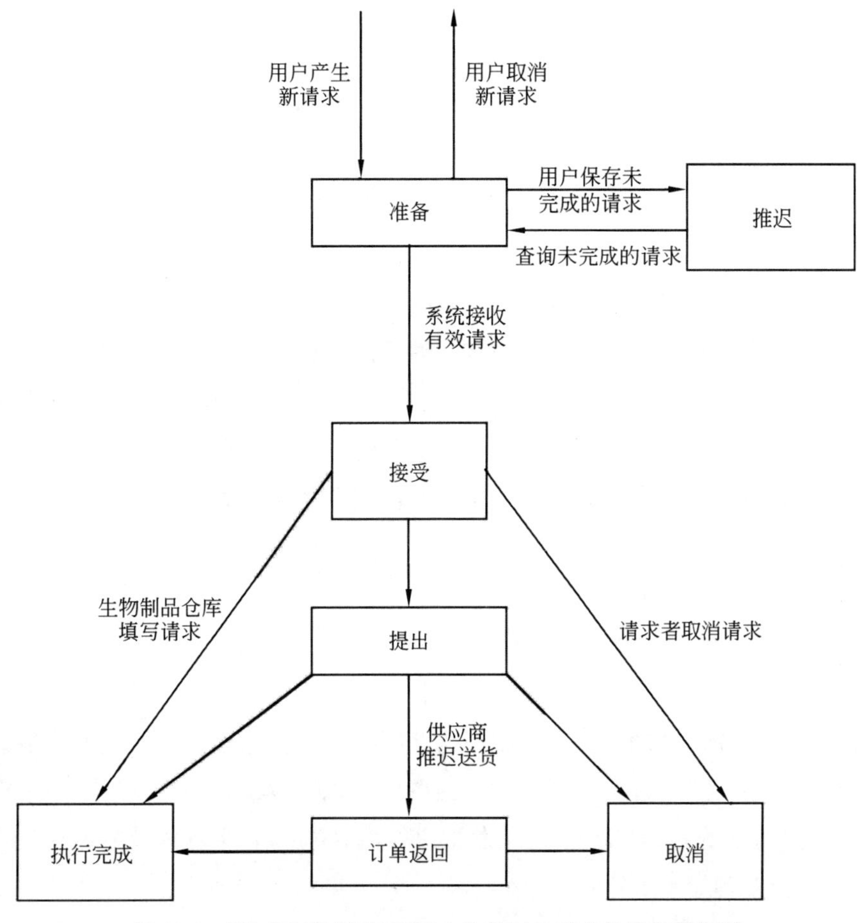

图 10-3　“生物制品跟踪系统”中生物制品请求的状态转换图

当“生物制品跟踪系统”的用户代表评审最初的生物制品请求的状态转换图时,他们发现有一个不必要的状态,另外有一个必不可少的状态但分析者没有记录,还有两个不正确的转换。这些错误在他们评审功能需求时,没有一个人发现。

软件需求规格说明必须包括与处理生物制品请求和它的可能状态变化相关的功能需求。然而,状态转换图对可能的请求状态和它们是如何允许变化提供了一个简洁的可视化表示。

实时系统的状态转换图除了包括一个空闲状态外，与图 10-3 所示的状态转换图类似，在这种系统中，当系统不再执行其他处理时，就返回空闲状态。相反，对于一个贯穿整个定义的生存期的对象，如一个生物制品请求，其状态转换图将有一个或多个终结状态；在图 10-3 中则表现为执行完成和取消状态。

10.6 对话图

一个有限状态机通常仅有一个对话元素（如一个菜单、工作区、行提示符或对话框）对用户输入是可用的。在激活的输入区中，用户根据他所采取的活动，可以导航到有限个其他对话元素。在一个复杂的图形用户界面中，导航路径可以有许多种，但其数目是有限的，并且其选择通常是可知的。因此，许多用户界面可以用状态转换图中的对话图（dialog map）建模。

对话图代表了一个高层抽象的用户界面体系结构，描绘了系统中的对话元素和它们之间的导航连接，但没有揭示具体的屏幕设计。对话图可以使你在对需求的理解上探索假设的用户界面概念。用户和开发人员可以通过对话图在用户如何利用系统执行任务上达成共同的视觉界面。可视化 Web 站点的构建对话图也很有用，在 Web 站点上，它们有时被称作“站点图”。在 Web 站点中建立的导航连接在对话图中则表现为转换。对话图与系统情节叙述相关联，这些叙述还包括对每一个屏幕意图的简短说明。

对话图抓住了用户-系统交互作用和任务流的本质，而不会太快陷入屏幕布局和数据元素的特定细节中。用户可以通过跟踪对话图寻找遗漏、错误或多余的转换，和因此而有遗漏、错误或多余的需求。可以把在需求分析过程中形成的对话图用作详细用户界面设计时的指南，最终形成一个执行的对话图，该对话图记录了产品的真正用户界面的体系结构。

就像在普通的状态转换图中一样，在对话图中，对话元素作为一个状态（矩形框），每一个允许的导航选择作为转换（箭头）。触发用户界面导航的条件用文本标签写在转换箭头上。表 10-4 列出几种触发条件的类型。

表 10-4 触发条件的类型

类　型	举　例
一个用户动作	例如，按下一个功能键或单击一个超链接或对话框的按钮
一个数据值	例如，一个无效的用户输入触发显示一个错误信息
一个系统条件	例如，检测到打印机无纸

通过这些基本情况的组合，例如输入一个菜单项数字并按回车键。

为了简化对话图，可以省略全局功能，例如按下 F1 键显示帮助。软件需求规格说明中，用户界面部分必须确定这个功能可用，但把它写入对话图中作为交互工具的模型意义不大。类似地，在为 Web 站点建模时，不必包括站点中每一页都出现的标准导航链接。还可以省略 Web 页导航顺序的反向流转换，因为 Web 浏览器上的退格键（back button）可以处理这个导航。

对话图是表示在使用实例中所描述的操作员和系统交互的一个好方法，可以把可选过程叙述成普通过程流的分支。在使用实例获取讨论会期间，在白板上绘制对话图是有益的，在这一阶段，开发组成员正在探索导向任务完成的操作员动作的顺序和系统响应的顺序。

第 8 章提出了在“生物制品跟踪系统”中称为请求一种生物制品的使用实例。这个使用实例的正常过程包括了请求一种生物制品，并由向外部供应商订货满足该请求。可选过程将供给来自生物制品仓库存货清单的生物制品容器。提出请求的用户在进行选择之前，需要浏览系统中可用的生物制品的历史。图 10-4 显示了这个使用实例的对话。

这种对话图最初看起来可能比较复杂，但如果通过一次一条线和一个框跟踪，也不难理解。请记住，在需求分析阶段，对话图代表了用户和系统在概念级上可能的交互通信作用；但真正的实现可能有所不同。在“生物制品跟踪系统”中，用户从菜单中选择“请求一种生物制品”启动使用实例。这个使用实例的主工作区间是在这一请求中的一个生物制品列表，并在一个称为当前请求列表中显示。从矩形框出来的箭头显示了所有导航选择，于是用户可从那些联系中获得可用的功能。

- 取消整个请求。
- 如果请求至少包含一种生物制品，则提交该请求。
- 在请求列表中加入一个新的生物制品。
- 从列表中删除一种生物制品。

注意：最后一个操作，删除一种生物制品，并不涉及其他对话元素，仅是在用户做出更改之后刷新当前请求列表。

当遍历这个对话图时，将会看到反映其余的“请求一种生物制品”使用实例的元素：

- 向供应商请求生物制品的一条路径。
- 来自生物制品仓库的执行请求的另一条路径。
- 查看特定生物仓库容器的历史记录的一条可选路径。

对话图中的一些转换允许用户退出操作。对于查看是否忽略任何可用性需求，对话图是一种很好的方法，如向导中遗漏了一个退格键，此时就会强迫用户完成一个不需要的动作。

当用户检查这个对话图时，可能会发现一个遗漏需求。例如，一个谨慎的客户可能认为确认取消整个请求的操作是一个好主意，因为它可以预防不小心丢失数据。在分析阶段，增加这一新功能只需要极小的代价，但是在已发布的产品中增加这一功能，则代价很大。由于

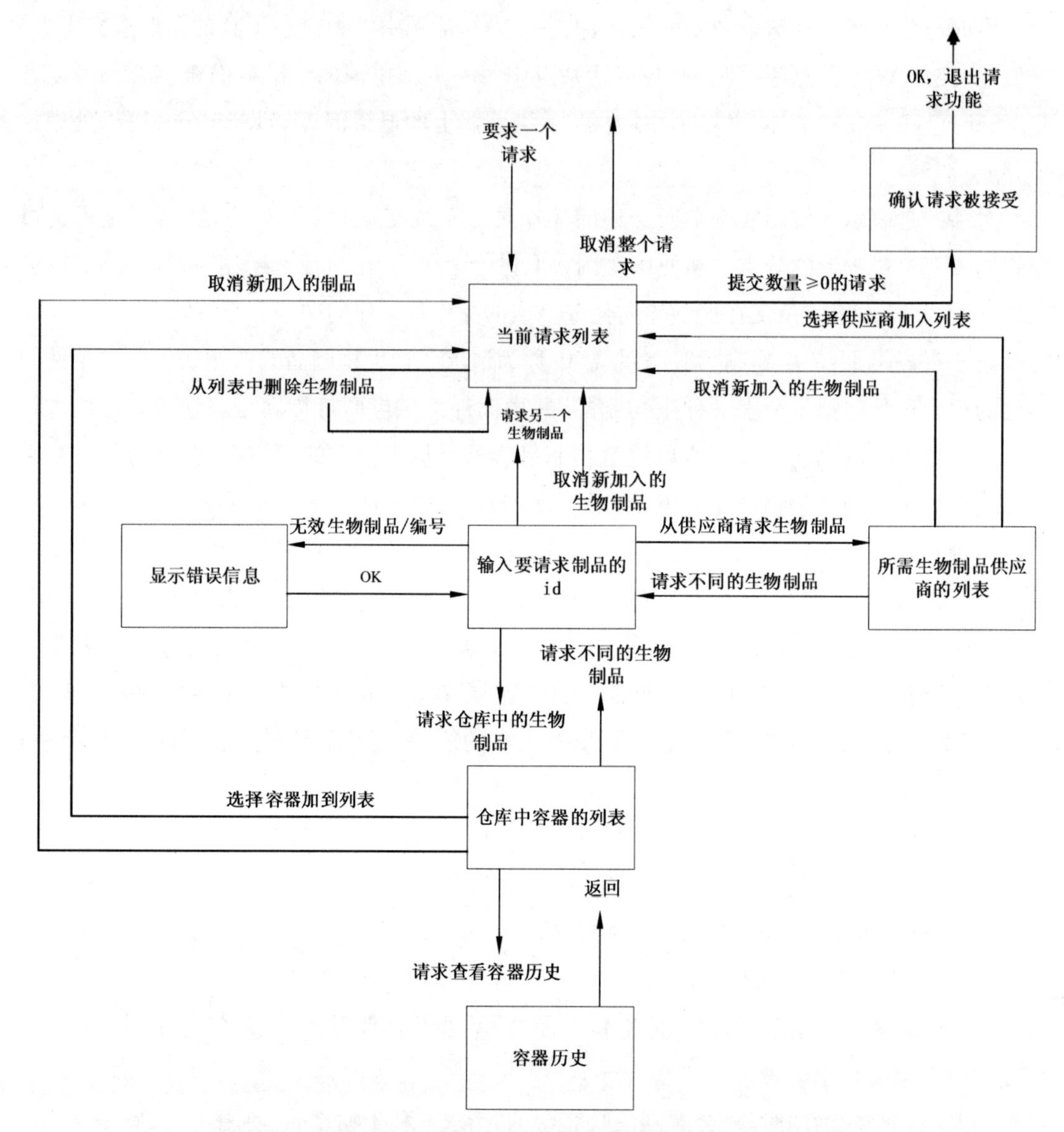

图 10-4 “生物制品跟踪系统”中一种生物制品使用实例的对话图

对话图仅表示了在用户和系统交互中包含的可能元素的概念视图，所以不要试图在需求阶段攻克所有用户界面的设计细节，而是利用这些模型使项目的风险承担者在系统预期的功能上达成共识。

10.7 类图

面向对象的软件开发优于结构化分析和设计，并且它运用于许多项目的设计中，从而产生了面向对象分析、设计和编程的域。在业务或问题域中，对象 (object)通常与现实世界中的项类似。对象代表了从称为类的普通模板获得的单个实例。类描述包含了属性(数据)和在属性上执行的操作。类图 (class diagram)是用图形方式叙述面向对象分析确定的类以及它们之间的关系。

利用面向对象方法开发的产品并不需要特殊的需求开发方法。这是因为需求开发强调用户需要系统做什么以及系统应包含的功能,而并不关心系统如何做。用户并不关心如何构造系统,也不关心对象和类。然而,如果要用面向对象的技术构造系统,这将有助于在需求分析阶段确定类和它们的属性及行为。当考虑如何将问题域对象映射到系统对象,并进一步细化每个类的属性和操作时,面向对象技术可以方便需求开发到设计阶段的转换。

许多不同的面向对象的方法和符号几年来已取得很大进展。最近,这些方法及符号中的许多部分都将它纳入"统一建模语言(UML)"中(Booth et al.,1999)。在适合于需求分析的抽象层上,可以像图 10-5 所示那样用统一建模语言的符号为"生物制品跟踪系统"的一部分(你所假设的)绘制类图。可以容易地把这些不包含实现细节的概念性类图详叙成在面向对象设计和实现中所需的更详细的类图。使用顺序图 (sequence diagram) 和联系图(collaboration diagram) 可以表示类之间的交互以及它们交换的信息,本书未对它进行深入研究(Booch et al.,1999)。

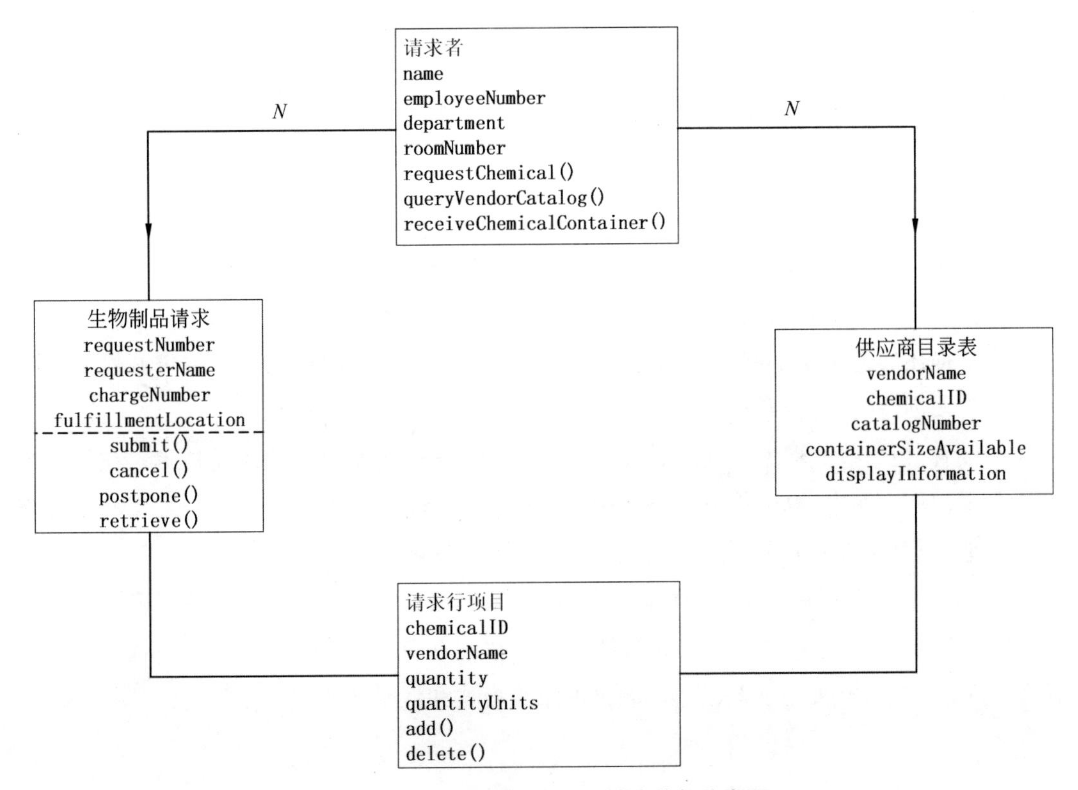

图 10-5 "生物制品跟踪系统"中的部分类图

图 10-5 显示了 4 个类：请求者、供应商目录表、生物制品请求和请求行项目。这个类图和其他分析模型表示的信息有相似之处。出现在图 10-2 实体联系图中的请求者，代表了可以由生物学家或生物制品仓库用户类扮演的操作员角色。图 10-1 数据流图也表示这两个用户类可以提出对生物制品的请求。不要把用户类和对象类相混淆，虽然它们名字相似，但并不存在特定的联系。

生物制品请求、供应商目录表、请求行项目与请求者类相关的属性列在类方框的中部：姓名、雇员号、部门和房间号(大写是统一建模语言的一个规则)。这些数据项与请求者类中的每个对象相关。在数据流图中，类似的属性出现在存储定义中。

请求者类的对象可以执行的操作列在类方框的底部，并且后面都跟着空括号。在表示设计的类图中，这些操作将和类的函数或方法对应，分析类模型仅能看出：请求者可以请求生物制品，查询供应商目录和得到生物制品容器。类图中列出的操作与出现在底层数据流图的圆圈中的过程是对应的。

在图 10-5 中，连接类方框的连线代表了类之间的联系。连线上的数字表示联系的复杂度，就像在数据流图中，连线上的数字代表了实体之间联系的复杂度。在图 10-5 中，请求者和生物制品请求之间是一对多的关系：一个请求者可以提出多个请求，但每个请求只属于一个请求者。

10.8 最后的提醒

下一步：

- 使用一个完整的软件设计文档实践本章描述的建模技术。
- 找出软件需求规格说明中读者难于理解的部分或者发现缺陷的部分。选择一个本章描述的适于表示部分需求的分析模型。绘制模型并评估如果在需求开发的早期阶段创建它，是否有帮助。
- 接着，把一些需求编写成文档，选择一种可以补充文本模型的建模技术。在纸上勾画模型一两次，以确信方法是正确的，然后使用建模符号的商业 CASE 工具。逐渐地，把对这部分的不断建模融合到标准需求开发过程。

最后，每种建模都有其优点和局限性。所以牢记，分析模型可以提供对需求理解和通信的一个等级，而这却是文本方式下的软件需求规格说明和其他单一的表示法不能提供的。应该避免陷入软件开发方法与发生的教条的思维模式和派系斗争。

第 11 章　软件的质量属性

记得曾参加的一项工程，在那次项目中我们用新的应用程序替换了许多已有的主机应用程序。为满足用户的需求，开发组设计了一个基于窗口的用户界面并定义了新的数据文件，其容量是旧文件的两倍。但不理想的是，用户界面运行稍有缓慢，并且修改后的数据文件占用的磁盘空间太大。

于是我们开始反思，虽然新系统更加方便且满足了技术上的规范，但还没有达到客户可接受的程度。用户并没有陈述对新产品的一些特性的期望，这就无法在他们提出的功能需求中体现出来。另外，开发人员和用户没有详细地讨论新技术方法牵涉可能的性能，从而导致用户期望与产品实际性能之间的期望差异。因此我认为，与只注重满足客户要求的特定功能相比，软件的成功似乎更重要。

11.1　非功能需求

很多用户会经常对开发人员强调软件的功能、行为、需求及软件需要他们完成什么。此外，用户对产品如何良好地运转抱有许多期望。这些特性包括：可靠性、易用程度、执行速度和当发生异常情况时系统如何处理问题。以上被称为软件质量属性(或质量因素)，质量属性的特性是系统非功能部分的需求。

客户在需求获取阶段提出的信息中提供了一些关于重要质量特性的线索，但客户通常不能主动提出他们对非功能的期望。质量属性是很难定义的，这总让开发人员设计的产品和客户满意的产品之间有一定的距离。真正优秀的软件产品表现出的是竞争性质量特性的优化平衡。就像 Robert Charette(1990) 指出的：“真正的现实系统中，在决定系统的成功或失败的因素中，满足非功能需求往往比满足功能需求更重要”。如果在需求的获取阶段不探索客户对质量的期望，产品就难以满足他们的要求，更多的可能是客户失望和开发人员沮丧。

当用户指出想要的软件是可靠的、健壮的、高效的时候,这是很技巧地指出他们想要的东西。从很多方面综合考虑,质量必须由客户与构造测试和维护软件的人员定义。如果探索用户的隐含期望,那么可以引发对质量目标的描述,并且制定可以帮助开发人员创建完美产品的标准。

11.2 质量属性

其实,许多产品特性可以称为质量属性(quality attribute),接下来本书会介绍质量属性的概念。不同的产品需要对其做精准的考虑,但是,在许多系统中真正需要认真考虑的仅是其中一小部分。开发人员只要知道考虑哪些特性对项目的研究有至关重要的帮助,他们就能选择合适的软件工程方法达到特定的质量目标(Glass,1992;DeGrace et al.,1993)。根据不同的设计,可以把质量属性分类(Boehm,1976;DeGrace et al.,1993)。一种属性分类的方法是把对用户很重要的可见特性与对开发人员和维护者很重要的不可见特性区分开。另一种方法是把在运行时可识别的特性与不可识别的特性区分开(Bass et al.,1998)。那些对开发人员具有重要意义的属性使产品易于更改、验证,并易于移植到新的平台上,因此可以间接地满足客户的需要。从表11-1中可以看到,这里分两类描述质量属性;还有其他许多属性 Charette,1990)。一些属性对于嵌入式系统是很重要的,如高效性、可靠性,而其他属性则用于主机应用程序(如有效性、可维护性)或桌面系统(如互操作性、可用性)。在一个理想的环境中,每个系统总是最大限度地展示所有这些属性的可能价值。系统将随时可用,绝不会崩溃,可立即提供结果,并且易于使用。

表 11-1 开发人员与用户相关重要属性对比表

对开发人员最重要的属性	对用户最重要的属性
可移植性 (portability)	高效性 (efficiency)
可维护性 (maintainability)	有效性(availability)
可测试性 (testability)	完整性 (integrity)
可重用性 (reusability)	灵活性 (flexibility)
	互操作性(interoperability)
	可靠性 (reliability)
	可用性 (usability)
	健壮性 (robustness)

产品的不同部分与所期望的质量特性有不同的组合。因为理想环境是不可得到的,因此,必须知道表11-1中哪些属性的子集对项目的成功至关重要。可用性可能对某些部分是

很重要的，高效性可能对其他部分很重要。要把应用于整个产品的质量特性与某些用户类型、某些特定部分或特殊使用环境的质量属性区别开。然后，根据这些基本属性定义用户和开发人员的目标，从而产品的设计者可以作出合适的选择。

把任何全局属性需求都记录到第 9 章所示的软件需求规格说明中，并把特定的目标和列在软件需求规格说明中的特性、使用实例或功能需求联系起来。

11.3　定义质量属性

开发中很重要的一点是，需要根据用户对系统的期望决定质量属性。定量地确定重要属性可以更清晰地理解用户期望，然后提出最合理的解决方案。然而，大多数用户并不知道如何回答类似于"你期待的软件应具有怎样的可用性?"这样的问题。

面对这类情况，分析员想出了不同的用户可能对某些属性抱有一定的期待，然后根据每个属性设计出许多问题。他们利用这些问题询问一些用户或代表并进行统计分析，可以把每个属性分成 1～5 级(等级越高越重要)。这些问题的回答有助于分析员决定哪些质量特性用作设计标准最重要。然后，分析员和用户一起为每个属性确定特定的、可测量的和可验证的需求。在合适的地方为每个属性指定级别、测量单位，以及最大值和最小值。(如果不能定量地确定某些对项目很重要的属性，至少应该确定其优先级。)IEEE 关于软件质量度量方法的标准提出了一个在综合质量度量基准体系下定义软件质量需求的方法(IEEE，1992)。

还有一种定义属性的方法是确定任何与质量期望相冲突的系统行为(Voas，1999)。通过定义一种反向需求行为，完善此类用户对某属性的期待程度。开发人员可以设计出强制系统表现出那些行为的测试用例。如果不能强制系统，那么可能达到了属性目标。这种方法最适用于要求安全性能很高的应用程序，在这些应用程序中，系统的差错可能会导致生命危险。

下面简要介绍表 11-1 中的每个质量属性，并提出一些有助于用户陈述他们对质量属性期望的问题。需要选择最好的方法表达每个质量属性需求，这样可以指导开发人员进行设计选择。

11.3.1　对用户重要的属性

1. 高效性

假如系统用完了所有可用的资源，那么用户遇到的将是性能的下降，这是效率降低的一个表现。高效性就是用来衡量系统如何优化处理器、磁盘空间或通信带宽的(Davis，1993)。拙劣的系统性能可激怒等待数据库查询结果的用户，或者可能对系统安全性造成威胁，就像

一个实时处理系统超负荷一样。举一个例子，为了在不可预料的条件下允许安全缓冲，可以这样定义："在预计的高峰负载条件下，12%处理器能力和17%系统可用内存必须留出备用"。在定义性能、能力和效率目标时，考虑硬件的最小配置很重要。

2. 有效性

有效性指的是在预定的启动时间中，系统真正可用并且完全运行的时间所占的百分比。更正式地说，有效性等于系统的平均故障时间（MTTF）除以平均故障时间与故障修复时间之和。有一些任务对时间的要求特别严格，如果用户迫切想完成一项任务，但由于时间的问题系统在那一时刻不可用时，用户会感到很沮丧。这是大家都不希望看到的事情。所以，开发人员必须询问用户需要多高的有效性，并且是否在任何时间。一个有效性需求可能这样说明："周末，在当地时间早上8点到晚上6点，系统的有效性至少达到99.6%，在晚上6点到晚上12点，系统的有效性至少可达到99.93%。

3. 完整性

完整性（或安全性）主要涉及：防止数据丢失、防止非法访问系统功能、防止病毒入侵，并防止私人数据进入系统。完整性对于通过万维网执行的软件已成为一个重要的议题。完整性的需求不能犯任何错误，即数据和访问必须通过特定的方法完全保护起来。用明确的术语陈述完整性的需求，如用户特权级别、身份验证、访问约束或者需要保护的精确数据。电子商务系统的用户关心的是保护信用卡信息，Web的浏览者不愿意私人信息或他们访问过的站点记录被非法使用。一个完整性的需求样本可以这样描述："只有拥有教师访问特权的用户才可以查看学生成绩表"。

4. 灵活性

同可增加性、扩充性、可延伸性和可扩展性类似，灵活性表明了在产品中增加新功能时所需工作量的大小。如果开发人员预料到系统的扩展性，那么他们可以选择合适的方法最大限度地增大系统的灵活性。灵活性对于通过一系列连续的发行版本，并采用渐增型和重复型方式开发的产品很重要。假如有一个图形工程，灵活性目标可以作如下设定："一个至少具有一年产品支持经验的软件维护程序员可以在一小时内为系统添加一个新的可支持硬拷贝的输出设备"。

5. 互操作性

互操作性表明了产品与其他系统交换数据和服务的难易程度。为了评估互操作性是否达到要求的程度，必须知道用户使用其他哪种应用程序与你的产品连接，还要知道他们交换什么数据。"生物制品跟踪系统"的用户习惯使用一些商业工具绘制生物制品的结构图，所以他们提出如下的互操作性需求："生物制品跟踪系统应该能够从ChemDraw和ChemStruct工具中导入任何有效生物制品结构图"。

6. 可靠性

可靠性是软件无故障执行一段时间的概率(Musa et al.,1987)。健壮性和有效性有时可看作可靠性的一部分。衡量软件可靠性的方法包括正确执行操作所占的比例,在发现新缺陷之前系统运行的时间长度和缺陷出现的密度。根据如果发生故障对系统有多大影响和对于最大的可靠性的费用是否合理,定量地确定可靠性需求。要求高可靠性系统也是为高可测试性系统设计的。如果软件满足了它的可靠性需求,那么即使该软件还存在缺陷,也可认为其已达到可靠性目标。在过去一段时间里,我们曾经开发过一个用于控制实验室灯光的软件,这些设备全天工作并且根据时间自动调整亮度。用户要求真正与实验相关的那部分软件要高可靠性,而其他系统功能,如自动报时的数据,则对可靠性要求不高。对该系统的一个可靠性需求说明如下:“由于软件失效引起实验失败的概率应不超过 4%”。

7. 可用性

可用性也称为“人类工程”或“易用性”,它描述的是许多组成“用户友好”的因素。可用性衡量准备输入、操作和理解产品输出花费的努力。你必须权衡易用性和学习如何操纵产品的简易性。对可用性的讨论可以得出可测量的目标,如“一个培训过的用户应该可以在平均 5min 或最多 10min 时间内完成从供应商目录表中请求一种生物制品的操作”。

可用性还包括新用户或不常使用产品的用户在学习使用产品时的简易程度。易学程度的目标可以经常定量地测量,当定义可用性或可学性的需求时,应考虑到在判断产品是否达到需求而对产品进行测试的费用。

例如,“新的操作员在一天的培训学习之后,就应该可以正确执行他们要求的任务的 95%”。

8. 健壮性

健壮性指的是当系统或其组成部分遇到非法输入数据、相关软件或硬件组成部分的缺陷或异常的操作情况时,能继续正确运行功能的程度。当从用户那里获取健壮性的目标时,健壮的软件可以从发生问题的环境中完好地恢复,并且可容忍用户的错误。询问系统可能遇到的错误条件并且要了解用户想让系统如何响应。

记得曾经参加过的一个叫作图形引擎的可重用软件组件的开发,该图形引擎具有描述图形规划的数据文件,并且把这一规划传送到指定的输出设备上(Wiegers,1996)。由于在图形引擎中无法控制这些应用程序的数据,所以此时健壮性就成为必不可少的质量属性。许多需要产生规划的应用程序就要请求调用图形引擎。我们的一个健壮性需求是这样说明的:“所有的规划参数都要指定一个默认值,当输入数据丢失或无效时,就使用默认值数据。”这个例子反映了对于一个系统来说是用户,而对于另一个系统来说是应用程序的项目,

其健壮性的设计方法。

11.3.2 对开发人员重要的属性

1. 可移植性

可移植性是度量把一个软件从一种运行环境转移到另一种运行环境中花费的工作量。软件可移植的设计方法与软件可重用的设计方法相似(Glass,1992)。可移植性不在乎工程是否成功,也不在乎工程的结果。可移植的目标必须陈述产品中可以移植到其他环境的那一部分,并确定相应的目标环境。于是,开发人员选择设计和编码方法,以适当提高产品的可移植性。

2. 可维护性

可维护性与灵活性密切相关。可维护性表明了在软件中纠正一个缺陷或做一次更改的简易程度。可维护性取决于理解软件、更改软件和测试软件的简易程度。较高的可维护性对于那些经历周期性更改的产品或快速开发的产品很重要。可以根据修复(fix)一个问题所花的平均时间和修复正确的百分比衡量可维护性。

选择的质量属性之间的正负关系见表 11-2。

表 11-2 选择的质量属性之间的正负关系

属性	有效性	高效性	灵活性	完整性	互操作性	可维护性	可移植性	可靠性	可重用性	健壮性	可测试性	可用性
有效性								+		−		
高效性			−		−	−	−	−		−	−	−
灵活性		+		−		+	+	+			+	
完整性		+			−				−		−	−
互操作性		+	+	−			+					
可维护性	+	+	+					+			+	
可移植性		+	+		+	−			+		+	−
可靠性	+	+	+			+				+	+	+
可重用性		+	+	−	+	+	+	−			+	
健壮性	+	+						+				+
可测试性	+	+	+			+		+				+
可用性		+								+	−	

3. 可测试性

可测试性是指测试软件组件或集成产品时查找缺陷的简易程度。如果产品中包含复杂的算法和逻辑，或如果具有复杂的功能性的相互关系，那么对于可测试性的设计就很重要。如果经常更改产品，将经常对产品进行回归测试以判断更改是否破坏了现有的功能性。那么，可测试性也是很重要的。因为随着图形引擎功能的不断增强，需要对它进行多次测试，所以作出了如下的设计目标："一个模块的最大循环复杂度不能超过 15"。如果一些模块的循环复杂度大于 15，这并不会导致整个项目失败，但指定这样的设计标准不利于开发人员达到一个令人满意的质量目标。循环复杂度用于度量一个模块源代码中的逻辑分支数目(McCabe，1982)。在一个模块中加入过多的分支和循环，将使该模块难于测试、理解和维护。

4. 可重用性

从软件开发的长远目标上看，可重用性表明了一个软件组件除了在最初开发的系统中使用外，还可以在其他应用程序中使用的程度。可重用软件必须资料齐全、标准化、不依赖于特定的应用程序和运行环境，并具有一般性(DeGrace et al.，1993)。比起创建一个只打算在一个应用程序中使用的组件，开发可重用软件的费用会更多。确定新系统中哪些元素需要用便于代码重用的方法设计，或者规定作为项目副产品的可重用性组件库。

11.4 属性的取舍

有时，用户和开发人员必须确定哪些属性比其他属性更重要，然后决定其优先级，这样就不可避免地要对一些特定的属性进行取舍。表 11-2 描述了来自表 11-1 的质量属性之间一些典型的相互关系，作决策时要始终遵照那些优先级。当然，也可能会遇到一些例外。

一个单元格中的减号表明单元格所在行的属性增加了对其所在列的属性的不利影响。高效性对其他许多属性具有消极影响。如果编写最紧凑、最快的代码，并使用一种特殊的预编译器和操作系统，那么这将不易移植到其他环境，而且还难于维护和改进软件。类似地，一些优化操作者易用性的系统或企图具有灵活性、可用性并且可以与其他软硬件相互操作的系统将付出性能方面的代价。例如，比起使用具有完整的制定图形代码的旧应用系统，使用外部的通用图形引擎工具生成图形规划将大大降低性能。必须在性能代价和你提出的解决方案的预期利益之间进行权衡，以确保进行合理的取舍。

一个单元格中的加号表明单元格所在行的属性增加了对其所在列的属性的积极影响。例如，增强软件可重用性的设计方法也可以使软件变得灵活、更易于与其他软件组件连接、更易于维护、更易于移植并且更易于测试。

为防止发生与目标冲突的行为，可以得出以下结论。

- 如果软件要在多平台下运行，那么就不要对可用性抱有乐观态度(可移植性)。

- 可重用软件普遍适用于多种环境，因此不能达到特定的容错（可靠性）或完整性目标。
- 下一步：从表 11-1 中考虑一类用户至关重要的质量属性，有条理地陈述每个属性的一两个问题，让用户说清他们的期望，分析哪些属性是这些用户的重要属性，并为每个重要属性写出一两个明确的目标。
- 对于高安全的系统，很难完全测试其完整性需求；可重用的类组件或与其他应用程序的互操作可能会破坏其安全机制。

第 12 章　通过原型法减少项目风险

每个软件开发组或许都会遇到这样的问题：用户总以不适合为理由拒绝他们开发的产品。在产品发布之前，用户并没有见过用户界面，但是他们仍发现界面和潜在的需求中都存在问题。所以，尽管完成了需求获取、分析和编写规格说明，但需求内容中仍有一部分对客户或开发人员不明确或不清晰。必须解决这些问题，减少对用户产品视图和开发人员对于开发什么产品的理解存在的期望差距。如果只是简单地阅读文本需求或研究分析模型，很难使软件产品在特定的环境中完美地运行。因此，引入软件模型，它可以帮助你解决这些问题。

为了更深刻地了解软件原型，首先须掌握原型的概念。原型有多种含义，它可以使新产品实在化，消除在需求理解上的差异，为使用实例带来生机，并且参与建立原型的人可以有不同的期望。软件原型是一种技术，可以利用这种技术降低客户对产品不满意的风险，并且通过来自用户的早期反馈使开发小组真正了解客户需求，从而知道怎样能最佳地满足这些需求。例如，一只老鹰原型实际上可以飞翔——它是真实老鹰的雏形，一个软件原型通常仅是真实系统的一部分或一个模型，它可能根本不能完成任何有用的事。本章将引入各种软件原型，并且研究它们在需求开发中的应用以及如何使原型成为软件开发过程中有效的组成部分(Wood et al.,1992)。

建立原型往往比阅读一份冗长的规格说明更有趣，所以可以更多地尝试建立原型解决遇到的问题。

12.1　原型是“什么”和“为什么”要原型

软件原型指的是对提出的新产品的部分实现。使用其主要有以下 3 个目的。

- 探索设计选择方案：原型作为一种设计工具，通过探索不同的用户界面技术，使系统达到最佳的可用性，并且评价可能的技术方案。
- 明确并完善需求：原型作为一种需求工具，它会初步实现所理解的系统的一部分。

从用户对原型的评价中可以发现许多问题，因此在开发真正产品之前，可以通过这些办法使用最低的费用解决这些问题。

- 发展为最终的产品：原型作为一种构造工具，是产品最初子集的完整功能实现，通过小规模的开发循环，可以完成整个产品的开发。

建立原型的主要目的是解决在开发产品的早期阶段遇到的不确定性问题。希望通过这些不确定性问题从用户对原型的评价中获取有用信息并且判断系统中的哪一部分需要建立原型。在开发产品的过程中，二义性和不完整性将会使开发人员对所开发的产品产生困惑，原型是发现和解决需求中二义性的很好的方法。因此，建立一个原型，可以帮助说明和纠正这些不确定性，从而消除开发人员产生的困惑。用户、经理和其他非技术项目风险承担者发现在确定和开发产品时，原型可以使他们的想象更具体化，且原型比开发人员常用的技术术语更易于人们理解。

12.2 抛弃型原型或进化型原型

构造一个原型前，充分与客户交流便于作出一个明确的判断，评价原型后，是选择抛弃建立的原型，还是继续进化该原型，使之成为最终产品的一部分，可以通过建立一个抛弃型原型(throwaway prototype)或探索型原型(exploratory prototype)消除困惑，解决不可测性并提高需求质量(Davis，1993)。如果建立的原型只是为了达到预期目的，之后将它抛弃，那么完全没必要花费大量时间与心血在此原型上，开发人员在原型上付出的努力越多，他们就越不愿意抛弃它。

由于在建立抛弃型原型时，可能过分强调在健壮性、可靠性、性能和长期性的可维护原则下迅速实现软件并易于维护，而忽略了许多具体的软件构造技术，抛弃原型中的代码，除了那些已经达到产品质量代码标准的代码，剩下的其他抛弃型原型代码均不可以移植到产品系统中，否则，在软件的生存期，开发人员和用户将会遇到各种麻烦。

原型可帮助用户判断这些需求是否可以完成必要的业务过程，它还可以帮助用户和开发人员想象应该如何实现这些需求以及发现需求中的漏洞，建立抛弃式模型是解决在需求中遇到的不确定性、二义性、不完整性或含糊性的最好方法。开发人员可以通过建立原型减少在继续开发时存在的风险。

图 12-1 描述了利用抛弃原型，从用户任务到详细用户界面设计的开发活动序列。每个使用实例的描述都包括一系列操作和系统响应，这些可以用对话图建立模型，以描述一种可能的用户界面机制(见第 10 章)。抛弃型原型把对话元素细化为特定的屏幕显示、菜单和对话框。用户评价原型的反馈可能会引起使用实例描述的改变(例如，发现一个新的可选过程时)并且会引起对应的对话图的改变。一旦确定了需求并勾画出屏幕的大体布局，就可以从

最佳使用的角度设计每个用户界面元素的细节。逐步求精的方法比直接从使用实例的描述跳跃到完整的用户界面,然后在需求中发现重大错误花费的努力更小。

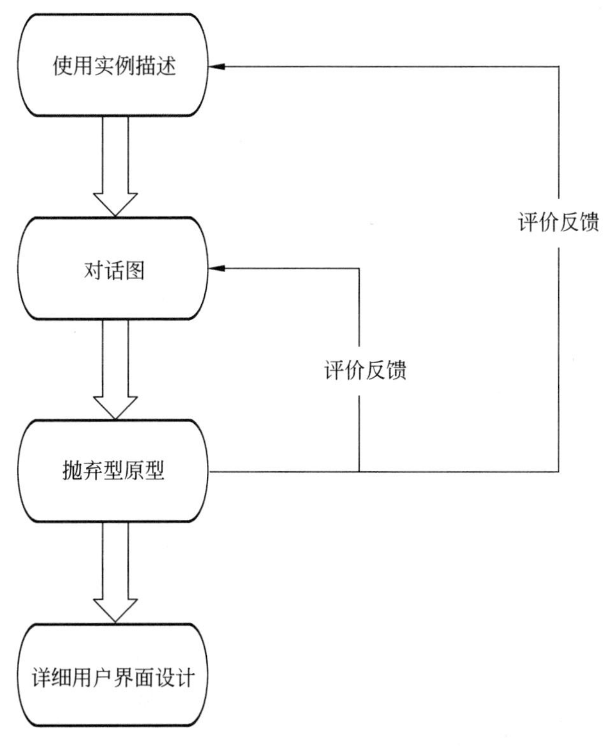

图 12-1　利用抛弃原型,从用户任务到详细用户界面设计的开发活动序列

进化型原型 (evolutionary prototype)(与抛弃型原型对应)是螺旋式软件开发生存周期模型的一部分(Bochm,1988),也是一些面向对象软件开发过程的一部分,在清楚地定义了需求的情况下,进化型原型也为开发渐增式产品提供了坚实的构造基础(Kruchten,1996)。一开始,进化型原型就必须具有健壮性和产品质量级的代码,因此,对于描述相同的功能,抛弃型原型具有快速、粗略等缺点。因此建立进化型原型比建立抛弃型原型花的时间要多,尝试使用进化型原型解决问题,会得到更精确的研究结果。必须把进化型原型设计为易于优化和升级的,记住:必须重视软件系统性和完整性的设计原则,因为达到进化型原型的质量要求并没有捷径。

下面从进化型原型的第一次演变开始考虑,因为它能够作为实现需求中易于理解和稳定部分的试验性版本。这种原型提供了一种帮助用户快速获得有用功能的方法,从测试和首次使用中获得信息将会引起下一次软件原型的更新。软件之所以能从一系列进化型原型发展为实现最终完整的产品,正是由于这样不断的增长与更新。

演化型模型适用于 Web 开发项目。在我曾经主持的一个 Web 项目中,我们根据使用实例分析中得出的需求建立了 4 个原型序列。许多用户都回答了我们的问题并且对每个原

型都作出了相应的评价，通过分析他们的回答与评价，我们整理方案作出总结并对原型进行了修正，成功地创建了第 4 个原型，产生了我们的 Web 站点。

图 12-2 描述了在软件开发过程中使用原型法的一些可能的方法。例如，总结抛弃型原型，从中或许可以发现有用的知识优化需求，然后建立一个进化型原型序列，逐渐实现这些需求。贯穿图 12-2 的一条可选路径在最终设计用户界面之前，将使用抛弃型水平原型澄清需求，而与之对应的垂直原型则使核心应用程序算法有效。然而，无法实现将一个抛弃型原型固有的低劣性转化为产品系统要求的可维护性和健壮性。表 12-1 总结了演化型、抛弃型、水平和垂直原型的一些典型应用。

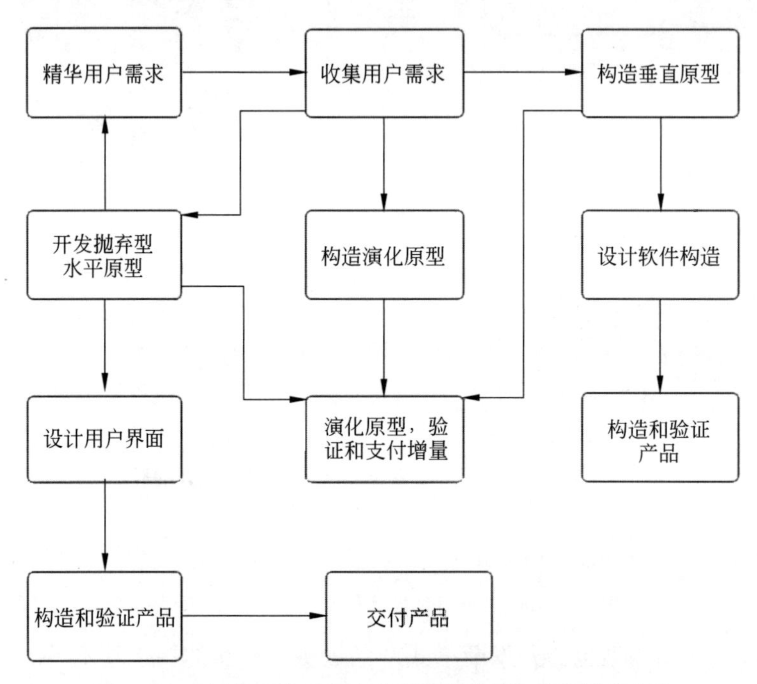

图 12-2　在软件开发过程中使用原型法的一些可能的方法

表 12-1　软件原型的典型应用

分类	抛 弃 型	演 化 型
水平	• 澄清并精化使用实例和功能需求 • 查明遗漏的功能 • 探索用户界面方法	• 实现核心的使用实例 • 根据优先级实现附加的使用实例 • 开发并精化 Web 站点
垂直	• 证明技术的可行性	• 实现并发展核心的客户/服务器功能层和通信层 • 实现并优化核心算法

12.3　水平原型和垂直原型

水平原型也称作"行为原型(behavioral prototype)"或"模型(mockup)"。水平原型能够探索预期系统中的一些特定行为,并达到细化需求的目的,使用户探讨的问题更加具体化。但需要注意的是,这种原型中提出的功能通常并没有被真正实现。一个水平原型就像一个投影仪,它通过投影使用户的正面像显示在屏幕上,可能允许这些界面之间的一些导航,但是它只包含部分功能,并没有真正实现所有功能。想象你心目中浪漫且唯美的画面:一个女孩兴奋地走进城堡之后再从里面出来,然而她并没有穿上华丽的服装,没有佩戴贵重的首饰,也没有见到英俊的王子,因为在虚假的建筑物里面什么也不存在。

原型代表了开发人员对于怎样实现一个特定的使用实例的一种观念。使用实例的可选过程,遗漏的过程步骤或原先没有发现的异常情况都可以从用户对原型的评价中得出,尽管原型看起来似乎可以执行一些有意义的工作,但其实不然。一个模型(mockup)展示给用户的是在原型化屏幕上可用的功能和导航选择。并不是所有导航都会起作用,有些导航虽然起作用,但是用户会以为显示所描述的信息就是真实的数据信息,实质数据库并没有响应或者只是显示了假的示例信息。这种模拟足以使用户判断是否有遗漏、错误或不必要的功能。

用户一般会把注意力集中在需求和工作问题上,他们通常不会被精细的外形或屏幕上元素的位置所干扰(Constantine,1998),所以尽量不要把原型建立在相当抽象的级别上,在需求被澄清以及界面中的框架被确定之后,若想探索用户的界面设计,可以尝试建立更详细的原型解决问题,还可以使用不同的屏幕设计工具或使用纸和铅笔建立水平原型,这将在以后展开讨论。

垂直原型(vertical prototype)(也称作结构化原型或概念证明)实现了部分应用功能。垂直原型通常被用在生产运行环境中的生产工具构造,使探讨问题的结果一目了然(更有意义)。相对于软件的需求开发阶段来说,垂直原型更常用于软件的设计阶段,以更大程度地减少风险。如果无法确定提出构造软件的方法是否完善或者是否需要优化算法以及评价一个数据库的图表或测试临界时间需求,就需要开发一个垂直原型解决这些问题。

我曾经遇到这样一种情况:某个软件开发组参与一项需要实现一个特殊的客户/服务器体系结构的项目,并作为从以主机为中心的环境到基于网络化的 UNIX 服务器和工作站的应用环境的转换策略的一部分(Thompson et al.,1995)。当然,他们的实验是成功的,并且基于那一套体系结构的实施也是成功的,因为一个垂直原型只实现了客户一部分用户界面和相应的服务器功能,这可以提高他们评估所提出体系结构的通信组件、性能可靠性等表现如何的准确程度。

12.4 书面原型和电子原型

通常，关于如何解决需求不确定性的问题，一个可执行的原型未必能够获取完整的信息。书面原型(paper prototype)(有时也叫低保真原型)是一种快速、不涉及高技术而且廉价的方法，有助于判断开发人员和用户在需求上是否达成共识，在开发产品代码前，它们可以对各种可能的解决方案进行试验性的并且低风险的尝试。关于一个系统的某部分是如何实现的，它也能够完整地把整个过程呈现在用户面前(Rettig，1994；Hohmann，1997)。

书面原型使用的工具非常简单，仅需要纸张、索引卡、粘贴纸、塑料板、白板和标记器。可以尝试对整个屏幕布局进行构思，无须关心小按钮出现的位置。用户更愿意提供反馈，这将引起多页书面原型极充分地改变。由于计算机的原型凝结了开发人员的许多辛劳，用户往往不急于评论一个基于计算机的可爱的原型。同样，开发人员通常也不愿意对精心制作的电子原型(electronic prototype)进行更改。

有了"低保真"原型，评价原型时，用户甲充当计算机的角色。用户乙高呼告诉用户甲他想做的事情，用户甲将会模仿计算机对用户乙的指令作出回应，用户乙通过回应信息，就可以判断这些界面是否为最初期望的响应以及所显示的内容是否正确。若出现错误，只要用一张新纸或索引卡重新画一张就可以了。

在纸张上勾画界面是最快的，反复性是需求开发中的一个关键的成功因素，书面原型正好方便了原型的快速反复性，使需求开发更高效。书面原型对于精化需求也是一种优秀的技术，它还提供了一个管理客户期望的有用工具。

许多工具都可建立一个电子抛弃型原型，这些工具包括：

- 脚本语言，如 Perl、Python 和 Rexx。
- 编程语言，如 Microsoft Visual Basic、IBM VisualAge Smalltalk 和 Inprise Delphi。
- 商品化的建立原型的工具包、屏幕绘图器和图形用户界面构筑师。

基于 Web 使用可以快速修改的 HTML(超文本标注语言)，它对于建立澄清需求而不探索特定的用户界面设计的原型很有用。不管代码效率如何，合适的工具都可以迅速实现并更改用户界面组件。当然，如果正在建立一个演化式模型，必须一开始就使用产品开发工具。

12.5 原型评价

可以通过建立脚本使用户遵从一系列步骤并且回答特定的问题，以获取需要的信息来提高原型评价的有效性。这些活动是对一般询问"你认为这个原型如何"的有价值的补充。

可以从使用实例和原型描述的功能中获得评价脚本。通过这一脚本指导用户让他们评价原型中不确定的部分，并且让他们执行一些特定的任务。每个任务之后，脚本将为评价者提供特定的、与任务有关的问题。此外，可以询问以下问题：

- 是否遗漏了功能？
- 这个原型实现的功能与你期望的功能是否一致？
- 这些导航对于你意味着怎样的逻辑性和完整性？
- 能考虑一下这个原型未涉及的一些出错情况吗？
- 是否有多余的功能？
- 是否有更简单的方法可以完成这一任务？

必须是期望的用户群的代表充当原型的评价者，尽可能让每个人从恰当理性的角度评价原型，评价组必须从这些用户里挑选出具有经验和经验不足的两类用户，需要注意的是，你呈递给评价者的原型不包括要在以后真正产品开发中实现的所有的业务逻辑。

用户评价原型后，比起与他们交流内心的想法，亲自观察用户使用原型的情况将获得更多且更真实的信息，尽管用户界面原型可用性的正式测试非常庞大，仍可以通过观察获得更多信息，要注意用户指出的那些原型部分，善于发现与原型的方法相冲突的用户习惯的应用程序的操作规范，寻找有疑惑的用户，指导他们应该如何做以及如何才能达到满意的程度。真正理解他们想什么，在用户评价原型时，一定要努力让用户大胆说出他们内心的想法，这样才能找出原型中的不足并努力完善它们。尽可能创造一个公平的环境，使评价者尽快适应环境，让他们感觉到轻松，这样他们才可以畅所欲言，把他们内心真正的想法以及关心的事物表达出来。在用户评价原型时，要避免诱导用户用设计好的特定方法执行一些功能。

把从原型评价中获得的信息编写成文档。对于一个水平原型，可以利用收集的信息精化软件需求规格说明中的需求。如果原型评价得出一些用户界面设计的决策或者特定交互技术的选择，那么把这些结论和如何实现都记录下来。没有用户想法参与的决策，就必须不断地回溯，这种做法将会造成不必要的时间浪费。对于一个垂直原型，记录好实施的评价总结，从而做出关于探索不同技术方法的可行性决策。

12.6　原型法的最大风险

原型法是一种技术，它能减少软件项目失败的风险。然而，原型法又引入了自身的风险。不要把正在运行的原型当作即将被完成的产品展示给用户或者经理，这是一种很冒险的行为，不管演示或评价的抛弃型原型与真实产品之间的差距多小、多像，它依然不会达到产品的使用程度，因为它仅是一个模型、一种模拟或一次实验。决定原型法成功的一个关键

因素就是处理风险承担者的期望，所以必须让见到原型的人理解怎样建立模型以及建立模型的目的，一定不要把抛弃型原型当作可交付的产品。由于那些设计和编码并没有考虑到软件质量和容错性，交付原型将会导致项目延期完成。

不要因为害怕提交不成熟产品的压力而阻碍建立原型，必须想办法让见到原型的人真正明白你不会交付原型，甚至不会将它称为软件，此时，利用书面原型（而不是电子原型）的方法控制这种风险，评价书面原型的人绝不会误认为产品已经完成开发并可以交付。另一种可能的方法是使用不同于在真正开发时所用的原型法工具，抵抗“已完成”原型开发并可把它当作产品交付的压力。

在原型评价期间，可以继续处理那些期望，若评价者看到原型对一个模拟的数据库查询响应甚快，那么他们可能期望在最终的软件产品中也具有同样惊人的性能。在对最终产品的行为进行模拟时，要考虑现实中的时间延迟（这可以使原型不易被看作即将交付的产品）。

12.7 原型法成功的因素

软件原型法提供了一套强有力的技术，它能够增加用户的满意程度，缩短开发周期，生产高质量、高性能的产品并且可以减少需求错误和用户界面的缺陷。为了帮助开发人员在需求开发过程中建立更有效的原型，请遵循如下原则。

- 项目计划中应包括原型风险。安排好开发、评价和可能的修改原型的时间。
- 计划开发多个原型，因为很少能一次成功。
- 在抛弃型原型中不应含有代码注释、输入数据有效性检查、保护性编码技术，或者错误处理的代码。
- 对于已经理解的需求，不要建立原型。
- 不能随意增加功能。当一个简单的抛弃型原型达到原型目的时，就不应该随便扩充它的功能。
- 尽快并且廉价地建立抛弃型原型。用最少的投资开发那些用于回答问题和解决需求的不确定性的原型。不要努力完善一个抛弃型原型的用户界面。
- 不要从水平原型的性能推测最终产品的性能。原型可能没有运行在最终产品所处的特定环境中，并且开发原型的工具与开发产品的工具在效率上是存在差异的。
- 在原型屏幕显示和报表中使用合理的模拟数据。那些评价原型的用户会受不现实数据的影响而不能把原型看成真正产品的模型。
- 不要期望原型可以代替需求文档。原型只是暗示了许多后台功能，因此必须把这些功能写入软件需求规格说明，使之完善、详细，并且可以有案可稽。

下一步：

查明项目中引起需求混乱的部分(如使用实例)。用书面原型勾画出对需求的理解以及如何实现的可能用户界面。让一些用户利用原型模拟执行任务或使用实例。确定对需求的最初理解中不完整和不正确的部分。相应地更改原型并重新检验。给你的原型评价者递交一份本章信息的总结,这将有助于他们理解原型背后的原理,并且使之期望原型法表现的结果能够现实。

第 13 章　设定需求优先级

你是否遇到过这样的问题：在开发项目时，为了使项目大众化，更快地进入市场，最大程度地被人们接受，客户会向你提出各种各样的方案，你费尽脑筋恨不得把所有高级功能都集于此项目中，由于各种原因的限制，你无法满足各种用户的需求，为了使项目更高级化，你必须比较各种功能，设定优先级。

每个具有有限资源的软件项目必须理解所要求的特性、使用实例和功能需求的相对优先级。设定优先级有助于项目经理解决冲突、安排阶段性交付，并且作必要的取舍。本章将讨论设定需求优先级的重要性，并且提出一个基于价值、费用和风险的设定优先级方案。

13.1　为什么要设定需求的优先级

只要涉及需求管理，就会涉及优先级这个话题。不知道你有没有遇到过这样的情况：按照书上说的，找客户划分需求优先级，客户会瞪大眼睛看着你说："都重要啊，优先级都高"。此时客户的期望很高，但是开发时间短且资源有限，所以你必须尽早确定所交付的产品应具备的最重要的功能。建立每个功能的相对重要性有助于规划软件的构造，以最少的费用提供产品的最大功能。

为了尽量达到每个客户都较满意的程度且更高效地处理这些问题，项目经理必须权衡合理的项目范围、进度安排、预算、人力资源以及质量目标的约束。一个实现这种权衡的方法是：当接受一个新的高优先级的需求或者其他项目环境变化时，删除低优先级，或者把它们推迟到下一版本中实现。如果客户没有以重要性和紧迫性区分它们的需求，那么项目经理就必须自己作出决策。

为了防止客户不赞成项目经理设定的优先级的情况出现，客户必须提前指明哪些需求必须包括在首发版中，而哪些需求可以延期实现。当有很多选择可以完成一个成功的产品时，应尽早在项目中设定其优先级。如果正在做时间盒图或者进行渐增式开发，那么设定优先级就尤其重要，因为在这些开发中，交付进度安排紧迫并且不可改变日期，需要排除或推迟实现一些不重要的功能。

让每个客户都来决定他们的需求中哪些最重要，这是很难做到的；要在众多具有不同期望的客户之间达成一致意见就更难了。人们心中都存在个人的利益，并且他们并不总能与其他群体的利益相妥协。然而，就像第 2 章讨论的那样，在客户-开发人员的合作关系中，设定需求优先级是客户的责任之一。

13.2 不同角色的人处理优先级

对客户请求的“膝跳(knee-jerk)”响应设定优先级，如果用户知道低优先级需求可能不会实现，就很难说服用户设定需求的优先级。开发人员更喜欢避开设定优先级，因为他们觉得建立优先级与它们向客户和经理表示的“我们可以全部完成产品”的态度冲突。

如果让客户自己设计，那么他们将会把 80%的需求设定为高优先级，15%的需求设定为中等优先级，5%的需求设定为低优先级。这没有给项目经理很多灵活性。废除不必要的需求并且简化不必要的复杂部分，被视为快速软件开发的最佳实践(McConnell，1996)。

现实中，一些特性比其他特性更重要，项目接近尾声时，在极其简单的“快速开发阶段”比较列举的功能，开发人员会抛弃一些不必要的功能，以保证按时完工的时候，这种表现尤为明显。所以，在项目的早期阶段设定优先级有助于逐步作出相互协调的决策，而不是在最后阶段匆忙决定。在判断出需求的低优先级之前，如果已经实现了将近一半的特性，那将是一种浪费。

客户和开发人员都必须为设定需求的优先级提供信息。客户总是让可以给他们带来最大利益的需求享有最高优先级。然而，一旦开发人员指出费用、难度、技术风险，或其他与特定需求相关的权衡时，客户可能会觉得他们最初想的需求似乎变得不必要了。开发人员也可能认为在早期阶段必须先实现优先级较低的功能，因为它们会影响系统的体系结构。设定优先级意味着权衡每个需求的业务利益和它的费用，以及它牵涉的结构基础和产品的未来评价。

在一个大的项目中，以管理为指导的开发组对系统分析员设定需求优先级的意见表现出极大的厌烦。经理指出，可以不需要一些特殊的特征，但另外的特征需要用于弥补遗漏的需求。如果拖延实现太多的需求，那么目标系统将达不到业务计划中反映的情况。当评价优先级时，应该看到不同需求之间的内在联系，以及它们与项目业务需求的一致性。

13.3 设定优先级的规模

设定优先级的一般方法是：把需求分成 3 类。表 13-1 描述了实现的 3 层规模的方法。这些是主观上的并且不是很精确的，因此，每个人必须在他们使用的规模中的每一层含义上达成一致意见。如果人们混淆了高、中、低这样的术语，那么就要更多地使用如提交、允许时间和将来发行版本等确定的词语。

表 13-1 多种设定需求优先级的规模

命名	意 义
高	一个关键任务的需求；下一版本所需求的
中	支持必要的系统操作，最终所要求的，但如果有必要，可以延迟到下一个版本
低	功能或质量上的增强，如果资源允许，实现这些需求总有一天可使产品更完美
基本的	只有在这些需求上达成一致意见(IEEE,1998)，软件才会被接受
条件的	实现这些需求将增强产品的性能，但如果忽略这些需求，产品也可以被接受
可选的	一个功能类，实现或不实现均可
3	必须完美地实现(Kovitz 1999)
2	需要付出努力，但不必做得太完美
1	可以包含缺陷

每个需求的优先级必须写入软件需求规格说明或使用实例的说明中。即使是一个中等大小的项目，也会有成千上万个功能需求，需求过多，导致不能从分析和一致性角度对这些需求进行分类。为了方便管理需求，必须选择一个合适的抽象层次更好地设计优先级(抽象层次：使用实例、特性或详细功能需求)。在一个单一的使用实例中，某些特定的可选过程可能比其他过程具有更高的优先级。开发人员可能决定在特性层上进行最初的优先级设定，然后在特定的特性中分别设定功能需求的优先级。这有助于从可以延期实现的精化需求中识别核心功能。文档则同等对待所有低优先级的需求，因为它们的优先级后来可能还会被改变，并且知道关于这些需求的信息有助于开发人员提前规划软件将来的升级版本。

13.4 基于价值、费用和风险的优先级设定

风险承担者们可以随意赞成一个小项目的需求的优先级。而对于大的、有争议的项目，则需要一种更加结构化的方法，采用这些方法可以消除一些情感、政策以及处理过程中的推

测，人们提出许多分析上和数学上的技术用于辅助需求优先级的确定，这些方法包括建立每个需求的相对价值和相对费用。优先级最高的需求是以最小的费用比例产出最大产品价值比例的需求（Karlsson et al.，1997；Jung，1998））。当需求多于24个时，仅简单地通过两两比较主观地估计费用和价值就变得不太实际了。

第二种方法是质量功能开发（QFD），它是能够为产品提供用户价值与性能相联系的一种综合方法。第三种方法来自完全质量管理（TQM），它以多个重大项目成功的标准评价每个需求，并且计算出一个分值用于编排需求的优先级。然而，尽管QFD与TQM具有精确性，却很少有公司愿意使用它们。

表13-2能够帮助估计使用实例、产品特性或个人功能需求集合的相对优先级。这个例子描述了“生物制品跟踪系统”的许多特性。这个图解来自QFD关于客户价值的概念，客户价值取决于两个方面：一方面，如果实现了特定的产品特性，那么将为客户提供利益；另一方面，如果不能实现产品特性，就要受到损失（Pardee，1996）。特性的诱人之处是与它提供的价值成正比，而与实现该特性时的费用和技术风险成反比。一切都是平等的，只有具有最高的价值/费用比例的特性才应当具有最高的优先级。这个方法不只是把它们分成几个不同的优先级层次上，而且在连续的区间上分配估计的优先级。只能把这个设定优先级的图解应用于非最高优先级的可变动的特性上，无论如何，必须首先实现这些特性。一旦分清对于产品交付必不可少的特性，就可以对其他的特性采用模型确定其相对优先级。在设定优先级的过程中，典型的参与者有项目经理（指导全过程，解决冲突，并且在必要的时候调整其他参与者的方案）、重要的客户代表（可以提供受益和损失程度）、开发人员代表（提供费用和风险程度）。必须遵循如下步骤使用这个优先级设定工具。

表13-2 “生物制品跟踪系统”优先级设计的矩阵范例

相对权值	2	1			1		0.5		
1. 查询供应商订单的状态	5	3	13	8.4	2	4.8	1	3.0	1.345
2. 建立生物制品	9	7	25	16.2	5	11.9	3	9.1	0.987
3. 查看一个特定生物制品容器报表	5	5	15	9.7	3	7.1	2	6.1	0.957
4. 打印生物制品安全数据表	2	1	5	3.2	1	2.4	1	3.0	0.833
5. 维护危险生物制品列表	4	9	17	11.0	4	9.5	4	12.1	0.708
6. 更改未定的生物制品请求	4	3	11	7.1	3	7.1	3	6.1	0.702
7. 建立个人实验室存货清单报表	6	2	44	9.5	4	9.5	2	9.1	0.646

估计每个特性提供给客户或业务的相关利益，并用1～9划分等级，1代表可忽略的利益，9代表最大的价值。这些利益等级表明了与产品的业务需求的一致性。客户代表是判断这些利益的最佳人选。

(1) 在一个平面中列出要设定优先级的所有需求、特性或使用实例；在这个例子中，我们使用特性。所有项都必须在同一抽象级别上；不要把个人需求与产品特性混合在一起。如果某些特性有逻辑上的联系，(例如，只有在包括特性 A 的情况下，才能实现特性 B)，那么在分析中只要列出驱动特性就可以了。这种模型在其有效范围内可以容纳几十种特性。如果有更多的项，那么就把相关的特性归成一类，并建立一个可管理的初始化列表。如果需要，可以在更详细的级别上进行第二轮分析。

(2) 总价值栏是相对利润和相对损失的总和。在默认情况下，利润和损失的权值是相等的。作为一种精化，可以更改这两个因素的相对权值。在表 13-2 的例子中，所有利润估价的权值都是损失估价权值的两倍。平面图算出了特性价值的总和并计算出每个特性价值占总价值的百分比(价值百分比栏)。

(3) 估计出如果没有把应该实现的特性包括到产品中，将会给客户或业务上带来的损失。使用 1～9 划分等级，这里 1 代表基本无损失，9 代表严重损失。虽然不服从工业标准与客户关系不大，但可能蒙受巨大损失，这将会遗漏客户提出的一些合理的特性。对于具有低利润、低损失的需求，只会增加费用，而不会增加价值，它们可能只是作为修饰的实例。

(4) 估计实现每个特性的相对费用，使用 1(低)～9(高)划分等级。平面图将计算出由每个特性构成的总费用的百分比。根据需求的复杂度、所需求的用户界面的实现情况、重用当前代码的潜在能力、所需要的测试量和文档等，开发人员可以估算出费用。

(5) 类似地，开发人员应该估计出与每个特性相关的技术或风险相对程度，并利用 1～9 划分等级。1 级表示可以轻而易举地实现编程，而 9 级表示需要极大地关注其可行性、缺乏具有专门知识的人员、使用不成熟或不熟悉的工具和技术。平面图将计算出每个特性产生的风险百分比。在默认情况下，利润损失、费用和风险的权值是相等的，但是，可以在平面图中调整其权值。在表 13-2 中，风险权值是费用权值的一半，而费用权值与损失权值相等。如果无须在模型中考虑风险，就把风险的权值设为 0。

(6) 一旦把所有的估算写入平面图，就可以利用如下公式计算出每个特性的优先级：优先级＝价值％/(费用％费用权值＋风险％风险权值)。

(7) 按计算出的优先级的降序排列表中的特性。处于列表最顶端的特性是价值、费用和风险之间的最佳平衡，因此必须具有最高优先级。

这种半定量方法准确程度受到对每个项目的利润、损失、费用和风险的估算能力的影响。从数学上讲并不严密，因此，只能把计算出的优先级序列作为一种指导策略。客户和开发人员代表应该讨论整个平面图，从而在评价和优先级排序结果上达成共识。利用先前项目中一系列完整的需求，根据自己的使用情况校正这个模型。可以适当调整每一个因素的

权值，直到计算出的优先级序列与后来对测试集中需求的重要性评估吻合为止。当评估所提出的需求时，这个模型有助于做出合理的决策。评估这些需求的优先级，以指明它们与现存的需求基础之间的一致性，这样就可以选择一个合理的实现序列。在把需求优先级的设定由政治竞技场上的妄加评论转向以客观和分析为基础的评估过程，可在项目中采取措施以最合理的序列实现最重要的功能。

第 14 章　需求质量验证

很多软件开发人员都知道在开发阶段后期或者在产品交付完之后才会发现与需求相关的问题。当把原来的需求作为基础的工作完成后，若要修补需求错误，就需要做非常多的工作，花费更多的时间。有研究资料发现，与在需求开发阶段客户发现一个错误，然后更正这一错误相比，在系统测试时更正错误需要花费 70～120 倍的时间。另外一个研究发现，在需求开发阶段中发现一个错误平均仅花 40min 修复，但是在系统测试时发现一个错误需要花 6～16h 修复。检测到需求规格说明中的错误所采取的任何措施都将节省相当多的时间和金钱。

在许多项目中，测试是一项后期的开发活动。与需求相关的问题总是依附在产品中，直到通过昂贵并且耗时的系统测试或由客户才可最终发现它们。如果在开发过程的早期阶段就制订测试计划和进行开发测试用例，发生错误时立即检测并纠正，这样可以防止这些错误进一步产生危害，减少测试和维护费用。

图 14-1 描绘了软件开发的 V 字模型，测试活动总是与开发活动平行发展，一些作者在需求工程阶段中使用"确认"术语（Thayer et al.，1997）验证决定开发的产品是否能满足开始时确定的需求（即正确完成任务）。确认只评估过渡产品或最终产品是否能真正满足最高层次的特定需求（即完成特定任务）。对于软件需求，这两个术语的差别是微妙的，并且是有争议的，所以在需求工程阶段采用 IE 的术语"验证"。

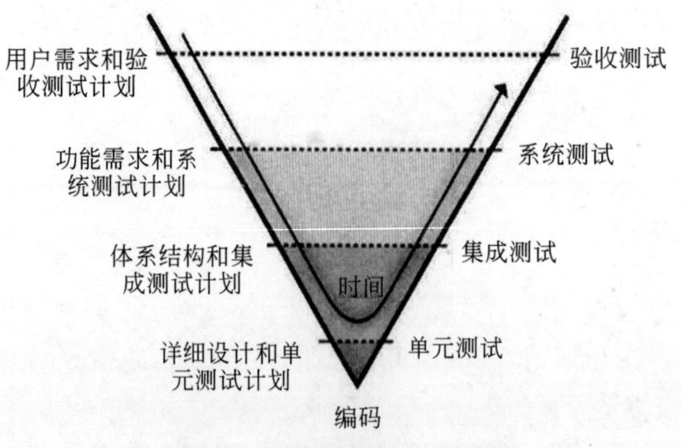

图 14-1　软件开发的 V 字模型

模型指明验收测试以需求为基础，系统测试以功能需求为基础，集成测试以系统体系结构为基础，规划测试活动为每种测试设计测试用例。不在需求开发阶段进行任何测试，因为没有可执行软件，可以在开发组编写代码之前，以需求为基础建立测试用例，发现软件需求规格说明中的错误、二义性和遗漏，还可以进行模型分析。

需求验证是需求开发的第四部分。需求验证包括的活动是为了确定以下几方面内容：

- 要求正确描述预期的系统行为和特征。
- 从系统需求或其他来源中得到软件需求。
- 需求完整、高质量。
- 对需求的看法一致。
- 需求为继续进行产品设计、构造和测试提供了足够的基础。

需求验证确保了符合需求陈述的良好特征，符合需求规格的良好特性，只能验证已编写成文档的需求，那些存在于用户或开发人员思维中的没有表露的、含蓄的需求不需要进行验证。

在收集需求并编写成需求文档后要进行的需求验证并不是一个独立的阶段。一些验证活动将贯穿反复获取需求、分析和编写规格说明的整个过程。其他的验证步骤是在正式确定软件需求规格说明之前对需求分析进行的最后一次有质量的过滤。当项目计划或实际工作中的独立任务破坏了结构时，就要结合需求进行需求验证活动，这通常会在质量控制活动之后进行。

有时，开发人员愿意在评审和测试需求说明上花费时间。虽然在计划安排中插入时间提高需求质量好像把交付日期延迟了一段时间，但这种想法是假设验证在需求上的投资不产生效果的基础上的。实际上，这种投资可以减少返工并加快系统测试，从而真正缩短开发时间。Capers Jones 提出：为防止错误而花费 1 美元却可以为修补错误节省 3～10 美元(Jones，1994)。更好的需求将会带来更好的产品质量和更高的客户满意度，这样的投资可以节省更多的钱。

使用不同的技术有助于验证需求的正确性及其质量(Wallace et al.，1997)。本章将重点介绍两种最重要的验证技术：正式和非正式的需求评审，还有从使用实例和功能需求中开发出的概念性测试用例。

14.1　需求评审

通常，由一些非软件开发人员完成产品检查，发现产品存在的问题，这就是技术评审。需求文档的评审是一项精益求精的技术，这样做可以发现不确定的需求、由于定义不清而不能作为设计基础的需求，以及实际上是设计规格说明的所谓的“需求”。

需求评审也为风险承担者提供了在特殊问题上达成共识的方法。例如，Bary 曾经主持了一个来自 4 个用户代表的软件需求规格说明的评审工作。在评审过程中，当许多用户一致认为这是一个严重的问题时，分析员和项目经理才意识到，他们再也不能忽略这个问题了。

不同种类的技术评审有不同的称谓。非正式评审的方法包括：把工作产品分发给其他开发人员粗略看一看，走过场似地检查一遍（walk through）。同时，执行者描述产品，且征求意见。非正式评审对于培养其他人对产品的认识并获得非结构化的反馈是有利的，但非正式评审是非系统化的、不彻底的，有时在实施过程中具有不一致性。非正式评审不需要记录备案。

非正式评审可以根据个人爱好进行评审，而正式评审则遵循预先定义好的步骤过程。正式评审内容需要将它们记录下来，包括确定材料、评审员，评审小组对产品是否完整或是否需要进一步工作的判定，以及对他们发现的错误和提出的问题进行总结。正式评审小组成员对评审的质量负责，而开发人员最终对其开发的产品的质量负责。

正式技术评审又叫作审查。对需求文档的审查是可利用的、最高级的软件质量技术。一些公司已经认识到：在审查需求文档或其他软件产品上花费 1h，可节省 10h 的工作时间（Grady，1994）。

我尚不知道有哪些其他的软件开发或质量评估可以产生 10 倍的回收投资比。

如果对提高软件的质量持有认真的态度，就要审查所编写需求文档的每一行。虽然对大型的需求文档进行详细审查很无聊并且也很费时，但是采用需求审查的人都会认为他们所花的每一分钟都是值得的。如果没有时间详细审查每个方面，那么就使用简单的风险分析模型区分需求文档中需要详细审查的部分和不重要的部分，这些部分只要用非正式评审，就能满足质量要求。

需求获取完成后，由一个系统分析员把来自不同用户类的软件需求规格说明归纳在一起组成一份大约 50 页的文档，并加上许多附录。两个分析员、一个开发人员、三个产品代表者、一个项目经理以及一个测试人员一起在三次长达两个小时的审查会上对软件需求规格说明进行审查。审查小组发现了 225 个错误，其中包括几十个重大缺陷。所有的审查员一致认为，在审查会上，他们在软件需求规格说明上所花的时间，从长远目标看，这种做法节省了项目开发小组大量的时间。

14.1.1 审查过程

19 世纪 70 年代，Michael Fagan 在 IBM 公司制定出了审查的过程（Fagan，1976），这个过程被认为是整个软件业进行的最好的实践（Brown，1996）。人们可以通过这种审查过程审查任何一种软件工作产品，包括需求和设计文档、源代码、测试文档及项目计划等。审查定义为多阶段过程，涉及受过培训的参与者组成的小组，他们把重点放在查找工作产品缺陷上。审查提供了一个质量关卡(quality gate)，文档在最终确定以前，必须通过该关卡的检查。虽然对于 Fagan 的方法是否最有效还存在争议（Glass，1999），但是审查是强有力的质量技术，这是毫无疑问的。

1. 参与者

审查参与者必须代表以下 3 方面观点。

(1) 先前产品的开发人员或正在评审的项目的规格说明编写者：这可能是一位系统工程师或系统构造师，他可以检查软件需求规格说明，以获得系统说明中每个需求的正确可跟踪能力。由于没有高层次需求文档，审查工作必须包括真正的客户，以保证软件需求规格说明能正确并完整地描述他们的需求。

(2) 产品的开发人员及可能的同组成员：编写需求文档的分析员提供这方面的观点。

(3) 根据正在审查的文档开展工作的人们：对于一个软件需求规格说明，可能需要包括一个开发人员、一个测试人员、一个项目经理和一个用户文档编写人员，他们的工作基础都是软件需求规格说明。这些审查人员将会发现不同类型的问题。一个测试人员很可能会发现一个不明确的需求，而一个开发人员将会发现一个技术上不可实现的需求。

审查组中的审查人员应限制在 7 个人左右或者更少。如果审查人员太多，则很容易在边际讨论、解决问题和关于某些问题对错的争论上造成混乱，从而在审查过程中降低分析问题的速度，并且会增加发现每个错误所花的费用。

2. 审查中每个成员扮演的角色

一些审查组中的成员在审查期间扮演着特定的角色，这些角色随着不同的审查过程而不同，但其所起的作用是相似的。

1) 作者

作者创建或维护正在被审查的产品。软件需求规格说明的作者通常是收集用户需求并编写文档的分析员。在诸如“一包到底”的非正式审查中，作者经常主持讨论。然而，作者在审查中却起着被动的作用，不应充当下列任一角色：调解者、读者或记录员。由于作者在审查中不起积极作用，因此，他只能听取其他审查员的评论，思考回答他们提出的问题，但他并不参与讨论。作者经常可以发现其他审查员没有觉察到的错误。

2) 调解者

调解者(moderator)或者审查主持者所做的工作是：与作者一起为审查制订计划，协调各种活动，并且推进审查会的进行。调解者在审查会开始前几天就把待审查的材料分发到各个审查员，按时召开会议，从审查员那里获得审查结果，并且使会议主要是发现错误，而不是解决提出的问题。调解者最后的角色是督促作者对规格说明做出建议性的更改，以保证向执行者明确说明在审查过程中提出的问题和缺陷。

3）读者

读者的角色由审查员扮演。在审查会进行期间，读者一次审查规格说明中的一部分内容，并进行解释，而且允许其他审查员在审查时提出问题。对于一份需求规格说明，审查员每次必须对需求给出注解或简短评论。

4）记录员

记录员或书记员用标准化的形式记录在审查会中提出的问题和缺陷。记录员必须仔细审查所写的材料，以确保记录的正确性。其他审查员必须用有说服力的方式帮助记录员抓住每个问题的本质。

3. 审查阶段

如图 14-2 所示，审查是一个多步骤事件(Ebenau et al.，1994)。每个审查过程阶段的目的简要总结如下。

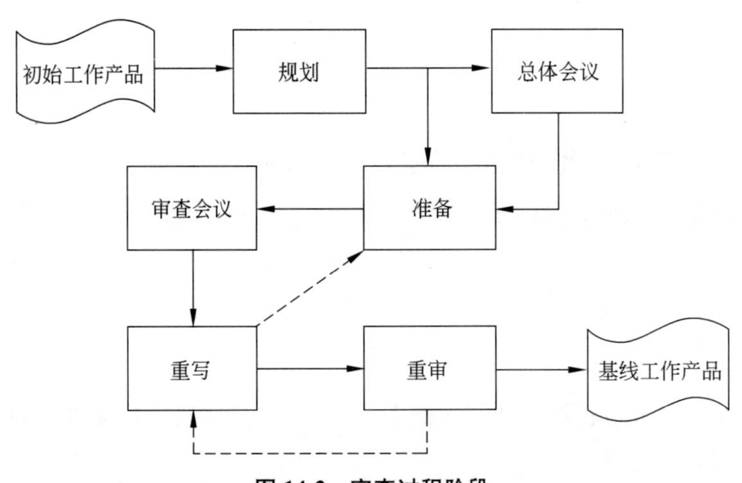

图 14-2 审查过程阶段

规划(planing)：作者和调解者协同对审查进行规划，以决定谁该参加审查，审查员在召开审查会之前应收到什么材料并且需要召开几次审查会。审查速度对能发现多少错误影响甚大(Gilb et al.，1993)。如图 14-3 所示，审查软件需求规格说明越慢，发现的错误越多。由于不能把太多的时间用于需求审查，所以应根据忽略重大缺陷选择一种合理的速度。每小时审查 4～6 页是合理的，但应根据如下因素调整审查速度。

- 一页中的文字数量。
- 规格说明的复杂性。
- 待审查的材料对项目成功的重要程度。
- 以前的审查数据。
- 软件需求规格说明作者的经验水平。

总体会议(overview meeting)：可以为审查员提供了解会议的信息，包括他们要审查的

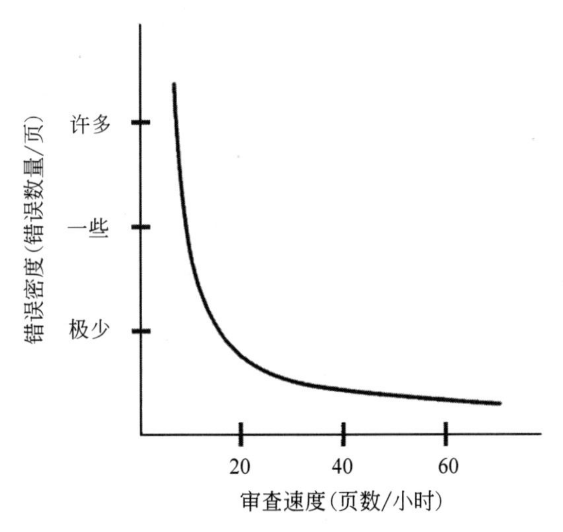

图 14-3　审查速度与发现的错误数量之间的关系

材料的背景、作者所做的假设和作者的特定审查目标。如果所有审查员对要审查的项目都很熟悉,就可以省略本次会议。

准备(preparation):在正式审查的准备阶段,每个审查员以典型缺陷(defect)清单为指导,检查产品可能出现的错误,并提出问题。审查员发现的错误中有高达 80%的错误是在准备阶段发现的,所以这一步骤不能省略。如果审查员准备得不充分,将会使审查变得低效,并可能做出错误的结论,此时审查就是一种时间的浪费。

审查会议(inspection meeting):在审查会议进行过程中,读者通过软件需求规格说明指导审查小组,一次解释一个需求。当审查员提出可能的错误或其他问题时,记录员就记录这些内容,其形式可以成为需求作者的工作项列表。会议的目的是尽可能多地发现需求规格说明中的重大缺陷。审查员很容易提出肤浅的和表面的问题,或者偏离到讨论一个问题是否为一个错误,讨论项目范围的问题,并且集体研讨提出问题的解决方案。这些活动是有益的,但是它们偏离了寻找重要错误以及提高发现错误概率的中心目标。审查会不应超过两个小时;如果需要更多的时间,就另外再安排一次会次。在会议的总结中,审查小组将决定是否可以接受需求文档、经过少量修改后可接受或者由于需要大量的修改重审而不被接受。

一些研究者认为审查会议是劳动密集型的,以至于很难说清它们的价值。然而,审查能发现审查员在进行个人准备时没有发现的错误。即使有这些审查质量的活动,在继续进行设计和构造软件时,也应该根据风险对为了提高需求质量需要投入多少精力做出决策。

重写(rework):几乎每个质量控制活动都可能发现一些需求缺陷。因此,作者必须在审查会之后安排一段时间用于重写文档。如果把不正确的需求拖延到以后修改,将十分费时,所以现在正是解决二义性、消除模糊性,并且为成功开发一个项目打下坚实基础的好时机。如果不打算纠正缺陷,那么进行需求审查将是无意义的。

重审(folow-up)：这是审查工作的最后一步，调解者或指派人单独重审由作者重写的需求规格说明。重审确保了提出的所有问题都能得到解决，并且正确修改了需求的错误。重审结束了审查的全过程并且可以使调解者作出判断：是否已满足审查的退出标准。

4. 进入和退出审查的标准

当软件需求文档满足特定的前提条件时，就可以进行需求审查了。在审查的准备阶段，进入审查的标准为作者设定了前进的方向。这些标准还可以使审查小组避免把时间浪费在审查之前就应该解决的问题上。调解者在决定进行审查之前，可以把进入审查的标准作为一种清单，并以此作为判断的标准。下面是一些关于需求文档的进入审查的标准：

- 文档符合标准模板。文档已经做过拼写检查和语法检查。作者已经修改了文档在版面安排上存在的错误。
- 已经获得了审查员需要的文件或参考文档，如系统需求规格说明。
- 在文档中打印了行序号，以便于在审查中查阅特定位置。
- 所有未解决的问题都被标记为 TBD(待确定)。
- 包括文档中使用到的术语词汇表。

相似地，在调解者宣布审查结束之前，应该定义所满足的退出审查的标准。下面是一些关于需求文档的退出标准：

- 已经明确阐述了审查员提出的所有问题。
- 修订过的文档已经进行了拼写检查和语法检查。
- 所有 TBD 的问题已经全部解决，或者已经记录下每个待确定问题的解决过程、目标日期和提出问题的人。
- 文档已经登记到项目的配置管理系统。
- 检查是否已将审查过的资料送到有关收集处。

5. 需求审查清单

为了使审查员警惕他们审查的产品中的习惯性错误，对公司创建的每一类型的需求文档建立一份清单。这些清单可以提醒审查员可能会出现以前经常发生的需求问题。图 14-4 显示了软件需求规格说明的审查清单。图 14-5 显示了一个使用实例的审查清单。

没有人可以记住清单中的所有项目。削减每一份清单满足公司的需要，并修改这些清单使其能反映需求中最常发现的错误。可以让不同的审查员使用完整清单的不同子集查找错误。一个人可以检查出所有文档内部的交叉引用是正确的，而另一个人可以判断这些需求是否可以作为设计的基础，并且第三个人可以专门评价可验证性。一些研究结果表明：赋予审查员特定的查错责任，向他们提供结构化思维过程或情节以帮助他们寻找特定类型的错误，这比仅向审查员发放一份清单产生的效果好得多(Portr et al.,1995)。

组织和完整性

- 所有对其他需求的内部交叉引用是否正确?
- 所有需求的编写在细节上是否都一致或者合适?
- 需求是否能为设计提供足够的基础?
- 是否包括了每个需求的实现优先级?
- 是否定义了所有外部硬件、软件和通信接口?
- 是否定义了功能需求内在的算法?
- 软件需求规格说明中是否包括了所有客户代表或系统的需求?
- 是否在需求中遗漏了必要的信息?如果有，就把它们标记为待确定的问题。
- 是否记录了所有可能的错误条件所产生的系统行为?正确性
- 是否有需求与其他需求相冲突或重复?
- 是否简明、简洁、无二义性地表达了每个需求?
- 是否每个需求都能通过测试、演示、审查得以验证或分析?
- 是否每个需求都在项目的范围内?
- 是否每个需求都没有内容上和语法上的错误?
- 在现有的资源限制内，是否能实现所有的需求?
- 是否任一个待定的错误信息都具有唯一性和明确的意义?质量属性
- 是否合理地确定了性能目标?
- 是否合理地确定了安全与保密方面的考虑?
- 在确定了合理的折中情况下，是否记录了其他相关的质量属性?可跟踪性
- 是否每个需求都具有唯一性并且可以正确地识别它?
- 是否可以根据高层需求(如系统需求或使用实例)跟踪到软件功能需求?特殊的问题
- 是否所有需求都是名副其实的需求，而不是设计或实现方案?
- 是否确定了对时间要求很高的功能并且定义了它们的时间标准?
- 是否已经明确阐述了国际化问题?

图 14-4　软件需求规格说明的审查清单

- 使用实例是否是独立的分散任务?
- 使用实例的目标或价值度量是否明确?
- 使用实例给操作者带来的益处是否明确?
- 使用实例是否处于抽象级别上，而不具有详细的情节?
- 使用实例中是否不包含设计和实现的细节?
- 是否记录了所有可能的可选过程?
- 是否记录了所有可能的例外条件?
- 是否存在一些普通的动作序列可以分解成独立的使用实例?
- 是否简明书写、无二义性和完整地记录了每个过程的对话?
- 使用实例中的每个操作和步骤是否都与所执行的任务相关?
- 使用实例中定义的每个过程是否都可行?
- 使用实例中定义的每个过程是否都可验证?

图 14-5　使用实例的审查清单

14.1.2 需求评审的困难

审查需求文档的公司会面临许多困难(chalenge)。下面是一些普遍的问题,并附有解决方案。

1. 大型的需求文档

审查一份几百页的软件需求规格说明是令人畏惧的。你很可能完全忽略整个审查过程,并继续进行软件的构造开发,这不是一个好的选择。即使是一份中型的软件需求规格说明,审查员可能会认真检查第一部分,一些意志坚定的人可能检查到中间部分,但没有一个人可能检查到最后一部分。为了避免使审查小组感到不安,只在把软件需求规格说明作为基线时才进行审查,在审查全部的文档之前,在开发软件需求规格说明时,可以采用非正式的、渐增式的审查。让一些审查员从文档的不同位置开始检查,以确保认真检查其中的每一页。如果有足够的审查员,可以分成几个小组分别审查材料的不同部分。

2. 庞大的审查小组

许多项目参与者和客户都与需求有关系,所以可能要为需求审查的参与者制作一张冗长的名单列表。然而,庞大的审查小组将导致难于安排会议,并且在审查会上经常引发题外话,在许多问题上也难于达成一致意见。我曾参加过一个有 14 名审查员的审查会。14 个人对是否离开一个燃烧的房子意见不一,在判断一个特定的需求是否正确上更难达成一致意见。可以尝试用以下方法处理庞大的审查小组:

- 确保每个参与者都是为了寻找错误,而不是为了了解软件需求规格说明中的内容或者为了维护行政上的位置。如果一些参与者只是想大概了解审查的内容,就邀请他们参加总体会议,而不是参加审查会。
- 理解审查员代表的观点(如客户、开发人员或测试者),并且委婉地拒绝以相同的观点看待问题的参与者。在准备阶段,可能要收集持有同样观点的反馈人的信息,但只派其中一人作为代表参加会议。把审查组分成若干小组并行地审查软件需求规格说明,并把他们发现的错误集中起来,剔除重复的部分。研究表明:多个审查小组比起单一的大组而言,可以发现需求文档中更多的错误(Martin et al.,1990;Schneider et al.,1992;Kosman,1997)。审查小组总是发现错误的不同子集,所以并行审查的结果是追加的,而不是冗余的。

3. 审查员在地域上的分散

越来越多的公司正通过地域上分散的开发组合作开发产品。地域上的分散性使需求审查更加困难。视频会议是一种有效的解决方案,但在电话会议中,你无法知道对方赋予形体的语言以及脸部的表情,其效果比面对面的会议差。比起面对面的会议,这两种远程会议更难于调节(控制)。

在共享网络文件夹中的电子文件进行文档评审改变了传统的评审会议。在这一方法中，评审员利用字处理软件的特性，在他审查的文档中插入评论。每个审查员的评论都做了初始标记，这样每个审查员就能看见之前审查员写的评论。基于 Web 的嵌入式协作软件工具，如果不想通过审查会进行审查，就必须认识到审查效率将下降约 30%。

14.2 测试需求

通过阅读软件需求规格说明，很难想象在特定环境下的系统行为。以功能需求为基础或者从使用实例派生出的测试用例可以使项目参与者看清系统的行为。虽然没有在运行系统上执行测试用例，但是设计测试用例的简单动作可以解释需求的许多问题(Beizer，1990)。如果在部分需求稳定时就开始开发测试用例，那么就可以及早发现问题，并以较少的费用解决这些问题。

编写关于黑盒子或功能上的测试用例可以明确在特定条件下系统运行的任务。因为无法描述可能的系统响应，因此将会出现一些模糊的和二义性的需求。当分析员、开发人员和客户通过测试用例进行研究时，他们对产品如何运行的问题会有更清晰的认识。

在开发过程的早期阶段，可以从使用实例中获得概念上的功能测试用例(Ambler，1995，Collard，1999)，然后就可以利用测试用例验证文本需求规格说明和分析模型(如对话图)并评价原型。这些基于模仿使用的测试用例可以作为客户验收测试的基础。在正式的系统测试中，可以把它们详述成测试用例和过程(Hsia et al.，1997)。在客户定义他们验收的标准时，询问客户的基本问题是："如果开发出期望的软件，如何判断该软件是你们真正需要的?"如果客户不能回答关于每个特性或使用实例的这种问题，就必须澄清需求。

在前面的章节中提到过一种情况：我让开发组中的 UNIX 脚本专家 Charlie 为正在使用的"商业错误跟踪系统"编写一个简单的电子邮件接口扩展。我写了许多需求，Charlie 觉得这对他很有帮助；因为他以前编写脚本时，别人从未向他提出需求。不幸的是，在我为电子邮件功能编写测试用例之前延误了两个星期。后来，我找到了错误，因为 20 多个测试用例中代表了我对电子邮件功能的认识与我提出的需求格格不入。在 Charlie 完成他的脚本之前我纠正了错误的需求，所以在他完成脚本的编写时，这些脚本是正确无误的。

需求测试的含义最初看起来可能比较抽象。可以用一个例子把这个概念描述得更清楚，首先看一下"生物制品跟踪系统"的开发组是如何把需求规格说明、分析模型和早期创建的测试用例结合在一起的。下面列出了与请求生物制品这一任务相关的一个业务需求、使用实例、功能需求、部分对话图和一个测试用例。

业务需求是该系统的一个主要业务动机，可以用如下需求描述："生物制品跟踪系统"

通过鼓励重复使用公司中可用的生物制品容器降低购买费用。

1. 使用实例

与这个业务需求一致的一个使用实例是“请求一种生物制品”，它包括允许用户请求生物制品仓库中已有的生物制品的路径。请求者通过输入生物制品的 ID 号或从生物制品绘图工具导入(import)化学结构请求一种生物制品。系统则通过向请求者提供来自生物制品仓库的一个新的或已用过的生物制品容器或者让请求者向外部供应商发送订单，从而满足请求者的要求。

2. 功能需求

以下是关于让用户选择可用的生物制品的一些功能，而不是向外部供应商发送订单。

如果请求生物制品仓库中的容器，系统将显示可用容器的列表，用户就可以选择一个容器或要求向外部供应商订购一个新容器。

3. 对话图(dialog map)

图 14-6 描述了在“请求生物制品”使用实例中的部分对话图。对话图中的矩形框表示了用户和系统之间概念上的对话元素，箭头则代表了对话元素之间可能的导航路径。

4. 测试用例(test case)

由于这个使用实例有许多可能的执行路径，所以可以想出许多测试用例阐明普通过程、可选过程和例外。以下只是一个测试用例，该测试用例是以向用户显示生物制品仓库中可用容器的列表为基础的。这个测试用例是从该用户任务的使用实例说明和图 14-6 描述的对话图中派生出来的。

在 DB40 对话框中输入一个合法的生物制品 ID 号；生物制品仓库中有两个这种生物制品的容器。此时出现了 DB50 对话框，并带有两个容器号码。选择第二种容器。关闭 DB50，此时容器 2 被加入 DB70 对话框中当前生物制品请求列表的底部。

Ramesh 是“生物制品跟踪系统”的测试主持人，根据他对用户如何与系统交互来请求一种生物制品的理解，编写了许多这样的测试用例。他把每个测试用例映射到相应的功能需求上，以保证现有的需求集合可以“执行”每个测试用例，并且至少使每个测试用例覆盖每个功能需求。下一步，Ramesh 用高亮度的笔跟踪对话图中每个测试用例的执行路径。图 14-7 中的阴影线描绘了上面的测试用例样本是如何跟踪进入对话图的。

通过跟踪每个测试用例的可执行路径，可以发现不正确和遗漏的需求，并在对话图中纠正错误，精化测试用例。可能有两种解释：

(1) 该导航是一个非法的系统行为。这条线必须从对话图中移去，并且即使软件需求规格说明中包含这样过渡的需求，也应该移去这一需求。

(2) 该导航是合法的系统行为，但是遗漏了验证这一系统行为的测试用例。类似地，假

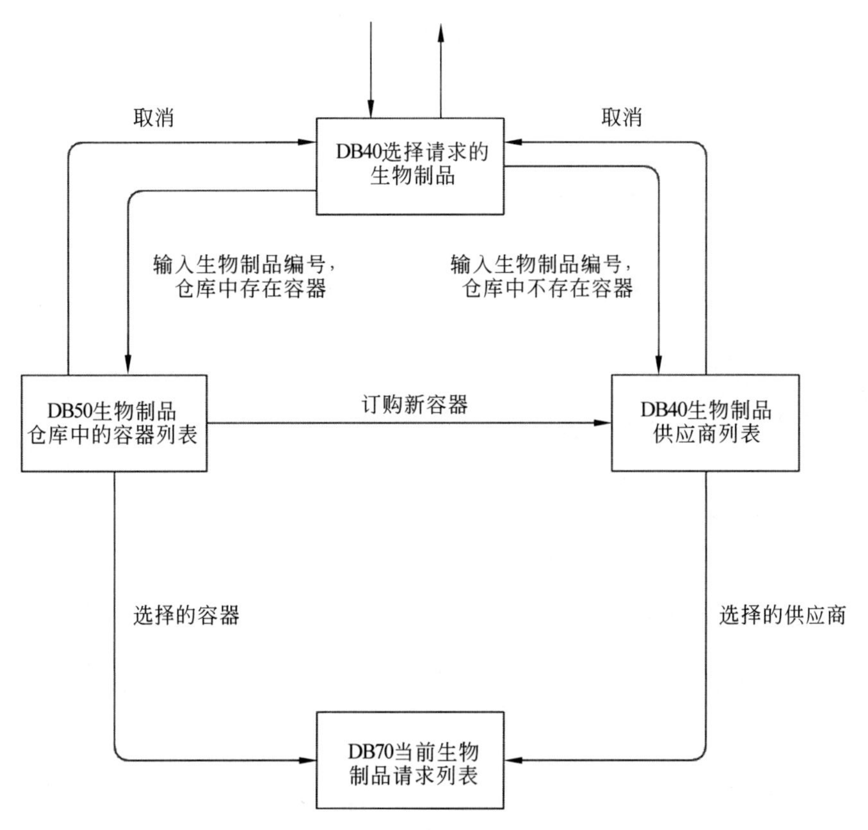

图 14-6 在“请求生物制品”使用实例中的部分对话图

设一个测试用例说明了用户可以采取一些措施从 DB40 直接移到 DB70。然而，图 14-6 所示对话图中没有包含这样的导航线，所以测试用例不能以现有的需求执行。因此，又存在以下两种解释，须判断哪一种解释是正确的。

① 从 DB40 到 DB70 的导航是一个非法的系统行为，所以测试用例是错误的。

② 从 DB40 到 DB70 的导航是一个合法的系统行为，可能是对话图或是软件需求规格说明遗漏了用于执行测试用例的需求。

在这些例子中，分析员和测试人员在编写代码以前把需求、分析模型和测试用例结合在一起检测遗漏、错误和不必要的需求。软件需求在概念上的测试是通过在开发早期的阶段寻找需求错误，从而成为一种在控制项目费用和进度上的强有力的技术。

收集需求并编写需求文档是软件项目设计成功的起点，但还需要保证需求的正确性，使需求能体现出良好需求说明的全部特性。如果能把早期的黑盒子测试设计、非正式需求评审、软件需求规格说明审查和其他需求验证技术相结合，花的时间会更少，费用会更低。

下一步：

• 从项目软件需求规格说明中任意选择一页功能需求。召集代表不同风险承担者观

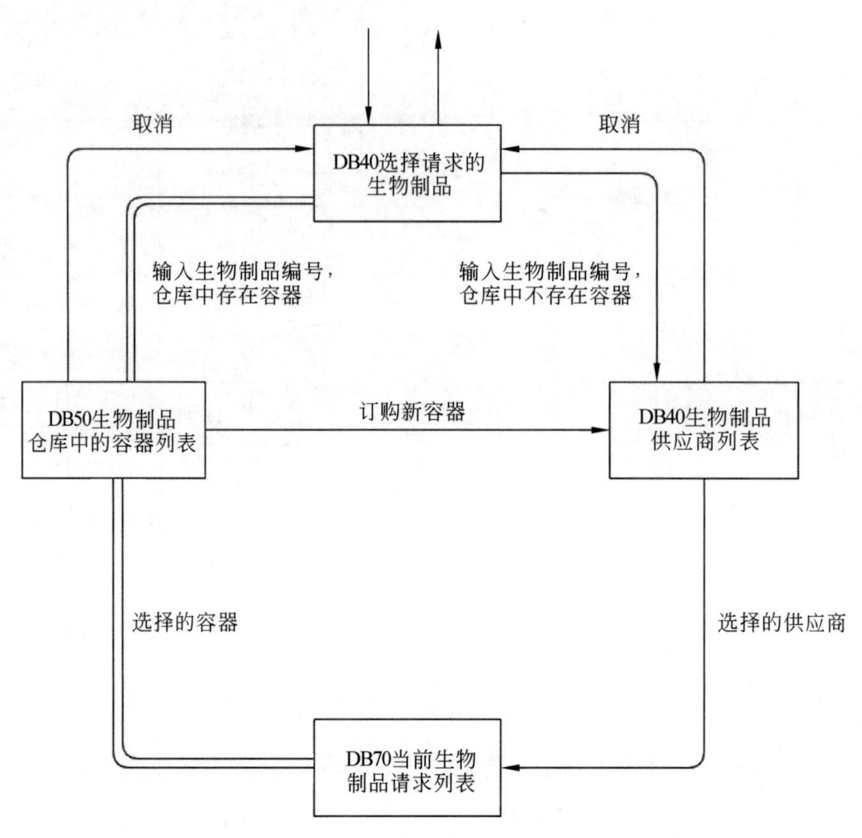

图 14-7　在"请求生物制品"使用实例中跟踪一个测试用例进入对话图

点的一个小组并仔细审查一页需求,以寻找与好的需求说明特性相偏离的需求。

- 如果从随机评审中发现太多问题,以致使评审员对整个需求质量感到担忧,那么就要让用户和开发人员代表审查整个软件需求规格说明。在审查过程中要培训审查小组中的成员,使之提高效率。

为使用实例或软件需求规格说明中未编码的部分定义概念上的测试用例。判断风险承担者是否对测试用例反映的预期的系统行为持有一致意见。确保已经定义了允许测试用例"执行"的所有功能需求,并且不存在多余的需求。

第 15 章　需求开发向设计规划的转化

通常，项目开发的开端是极其困难的，但随着不断地艰苦奋斗，系统的开发任务总算进展顺利。虽然项目主办者和产品代表认为没必要花太多时间收集需求，但是他们愿意尝试参加一次软件需求培训。这次培训的内容主要集中在项目开发之前的准备工作，目的是使所有合作者在需求方面达成共识。成员在培训课中能增强合作精神，增加默契，有利于他们今后的合作。

在项目开发过程中，主办者收到许多良好的用户反馈。于是，他请各位研发人员和产品代表聚餐，庆祝他们在产品系统确定需求基线方面达到了一个新的高度。趁着聚餐这个好时机，感谢所有成员做出的贡献，并且要求他们在已获取完整正规的需求的情况下尽快写出程序代码。

然而，项目经理并不同意他的要求，项目经理解释说："我打算花更多的时间设计一个最好的系统方案，并分阶段发行产品，以最大化地拓展系统，并且产品原型有利于我们理解用户喜欢的界面特性。除非你想以后遇到突发问题而手忙脚乱"。

这时他有点失望，因为他原以为不久就能看到源码。但是，他是否有点太着急？

本章将通过需求和项目规划、设计、编码和测试之间的联系探讨需求开发和一个成功发行的产品之间的转换方法，并让读者了解把软件需求转化为优秀的设计和合理的项目规划的重要性。

15.1　从需求到项目规划

项目规划、预测和进度安排都必须以软件需求为基础，因为需求定义了项目预期的成果。

15.1.1　需求和进度安排

很多软件工程实行"从右到左的进度安排"，这时会先规定发行产品的具体日期，再定义

产品的需求。但是，开发人员并不能准时地、确保质量地完成既定目标。在做出详细的规划和约定之前，定义软件需求是更现实可行的。如果能在各部分进度与安排之间进行有效调节，那么“从设计到进度安排”的策略是非常有效的。

在复杂的系统中，当软件仅是最终产品的一部分时，高层的进度安排必须等待产品级(系统)需求的确定。接着将系统需求分解并分配到各个不同的软硬件子系统中。从这一点看，就可以以不同来源(包括市场、销售、客户服务以及开发)的输入为基础建立一致的产品发行日期。如果存在进度安排的约束条件，那么具有交叉功能的开发小组必须在质量、费用和功能上做出合理的决策。

按阶段规划和提供项目资金是一个不错的主意。需求探索作为第一阶段可以提供足够的信息，同时，还可以为一个或多个构造阶段进行现实的规划和预测。具有不确定需求的项目也可以从反复或渐增的软件开发生存期中得到改善。定义需求的优先级可以判断出功能发行的优先级。

开发人员通常因为一些规划失误，如忽略公共(用)的项目任务，低估了工作量和工时，没有考虑项目风险，并且没有考虑返工所需的时间等，导致软件项目不能达到预定的目标。

下面给出正确的项目规划需要的元素：

- 经验。
- 有效的预测和规划过程。
- 根据历史记录了解开发小组的工作效率。
- 根据对需求的清楚理解估计产品规模的大小。
- 需要一张综合的任务列表，以完整实现和验证每一特性或使用实例。

15.1.2 需求和预估

项目估计(预估)的第一步是把需求和软件产品规模大小进行联系。可以根据图形分析模型、文本需求、用户界面设计或原型预估产品的大小。下面给出了一些常用的评估标准：

- 用于实现特定需求所需的源代码行数。
- 单个可测试需求的数量(Wilson，1995)。
- GUI元素的数量、类型和复杂度。
- 对象类的数量或者其他面向对象系统的衡量标准(Whitmire，1997)。
- 功能点和特性点的多少(Jones，1996)，或者3-D功能点的数量(Whitmire，1995)。

预估软件大小的方法其实并不是最重要的，最重要的是结合所学知识，并在每次预估之后对预估结果进行详细的分析总结，将一次次的预估经历变成宝贵的经验，这样预估才有可能成为现实。

积累数据是需要时间的，关键是把度量软件大小的标准与实际的开发工作量相联系。同时，需求的不确定会导致预估软件大小时出现误差，但是在开发早期，需求的不确定性是难免的。可以在网络中寻找一些合适实用的预估工具协助我们工作。

产品大小、工作量、开发时间、生产率和人员技术积累时间之间存在着复杂的关系(Putnam et al.,1997)。思考一下，以上元素到底存在怎样的复杂关系？

15.2　从需求到设计和编码

需求和设计之间存在差异，但尽量使规格说明的具体实现无倾向性。理想情况是：在设计上的考虑不应该歪曲对预期系统的描述(Jackson,1995)。需求开发和规格说明应强调对预期系统外部行为的描述，并让人可用于判断需求是否可以作为设计的基础。

能满足需求的软件设计方法很多，但不同设计方法的性能、有效性、健壮性以及所采用的技术可能不同。忽略需求规格说明而直接进行编码可能会导致许多问题，最糟糕的情况是开发项目直接失败。

以需求为基础，反复设计将产生优秀成果。当得到更多的信息或更好的想法时，用不同的方法进行软件设计可以使最初的概念精细化。将更多的时间花在把需求转化为设计上，能让产品变得更加健壮，质量变得更好，同时还能避免系统维护和扩充在后期变得困难。

设计产品时，产品的需求和质量属性决定了所采用的合适的构造方法(Bass et al.,1998)。研究和评审提出的体系结构是另一种解释需求的方法，并且这种方法会使需求变得更明确。与原型法类似，这是一种自下而上的需求分析方法。两种方法都围绕这样一种思维过程：“如果我能正确理解需求，那么这种方法就可以满足这种需求。我手中有一个最初的体系结构(或原型)，它是否有助于我更好地理解需求呢”？

在开始实现各部分需求之前，不必为整个产品进行详尽的设计。但是，在进行编码前，必须设计好每一部分。设计规划有益于大难度项目(有许多内部组件接口和交互作用复杂的系统或者是开发人员无相关开发经验的项目)(McConnell,1998)。

下面介绍的步骤将有益于所有项目。

- 应该为在维护过程中起支撑作用的子系统和软件组件建立一个坚固的体系结构。明确需要创建的对象类或功能模块，定义它们的接口、功能范围以及与其他代码单元的协作。
- 根据强内聚、松耦合和信息隐藏的良好设计原则定义每个代码单元的预期功能。
- 确保设计满足了所有的功能需求，并且不包括任何不必要的功能。

当开发人员在需求转化过程中出现问题时,可及时顺藤摸瓜回溯至客户并获得解决方案。当然,这是最好的情况,那么在更坏一点的情况下应该怎么办?做出问题猜想假设,并及时与客户代表协商解决问题。如果问题重复发生,就说明需求规格说明还存在问题,这时应该暂停项目开发工作,安排一两个人对剩余的需求进行评审,之后再进行开发工作。

15.3 从需求到测试

系统测试的基础是详尽的需求,相反,只能通过测试判断软件是否满足需求。

必须针对软件需求规格说明中的产品的预期行为测试整个软件,而不是针对设计或编码。基于代码的系统测试可以变成"自满足的预见"。产品可以正确呈现基于代码的测试用例所描述的所有行为,但这并不意味着产品正确地实现了用户的需求。让测试人员参与需求审查,以确保需求的明确度,通过验证的需求才可以作为系统测试的基础。

在需求开发中,当每个需求都稳定后,项目的系统测试人员应编写文档,记录他们如何验证需求——通过测试、审查、演示或分析。如何验证每一需求的思考过程本身就是一种很有用的质量审查实践。

根据需求中的逻辑描述,利用因果图等分析手段获得测试用例,这将会揭示需求的二义性、遗漏或其他隐含的条件和问题。每个测试方案中的需求都应至少由一个测试用例测试,这样会验证所有的系统行为。可以通过跟踪所测试的需求占的比例掌握测试进度。有经验的测试人员可以根据他们对产品的预期功能、用法、质量特性和特有行为的理解,概括出纯粹基于需求的测试。

基于规格说明的测试适用于许多测试设计策略:动作驱动、数据驱动(包括边界值分析和等价类的划分)、逻辑驱动、事件驱动和状态驱动(Poston,1996)。从正式的规格说明中很容易自动生成测试用例,但是,对于更多的由自然语言描述的需求规格说明,必须手工开发测试用例。比起结构化分析图,对象模型更易于自动生成测试用例。

在开发的进展过程中,将通过详细的软件功能需求推敲来自使用实例高层抽象的需求,并最终转化成单个代码模块的规格说明。测试方面的权威专家 Boris Beizer (1999)指出针对需求的测试必须在软件结构的每一层进行,而不只是在用户层进行。

一个应用程序中有许多代码不会被用户访问,但这些代码却是产品基础操作所必需的。纵然有些模块功能在软件产品中对用户不可见,但是每个模块功能必须满足其自身的需求或规格说明要求。因此,针对用户需求测试系统是系统测试的必要但非充分条件。

15.4　从需求到成功

一个软件开发项目最终可发行的是满足客户需求和期望的软件系统。需求是从产品概念通向用户满意之路的最本质的一步。

如果不以高质量的需求作为项目规划、软件设计和系统测试的基础，那么在尝试开发优秀产品的过程中将浪费大量人力和物力。然而，也不必花费过多的时间苛求需求完美，沉溺于畸形的需求分析而不编写任何代码，这将导致项目被取消。努力在精确的规格说明与可将产品失败的风险降至可接受程度的编码之间做出明智的选择。

第三部分　软件需求管理

第 16 章　需求管理的原则与实现

在第 1 章中，我们将需求工程分为需求开发和需求管理。需求开发包括对一个软件项目需求的获取、分析、规格说明及验证。典型需求开发的结果应该有项目视图和范围文档、使用实例文档、软件需求规格说明及相关分析模型。经评审批准，这些文档定义了开发工作的需求基线。这个基线在客户和开发人员之间构筑了计划产品功能需求和非功能需求的一个约定。

需求约定是需求开发连接需求管理的桥梁，需求管理包括在工程进展过程中维持需求约定集成性和精确性的所有活动。

如图 16-1 所示，需求管理强调：

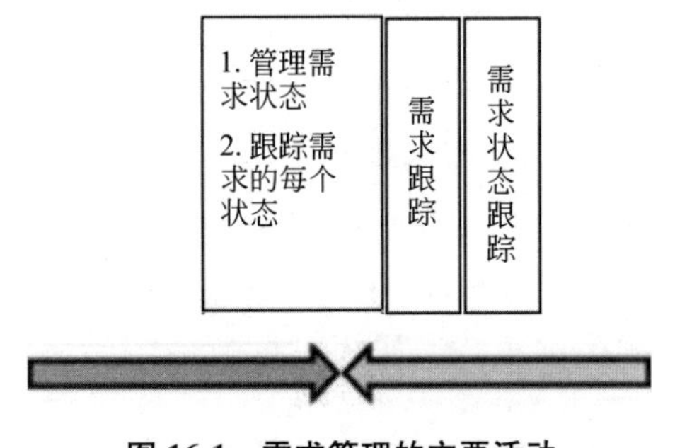

图 16-1　需求管理的主要活动

- 控制对需求基线的变动。
- 跟踪基线中需求的状态。
- 保持项目计划与需求一致。
- 控制单个需求和需求文档的版本情况。
- 管理需求和联系链之间的联系或管理单个需求和其他项目可交付品之间的依赖关系。

本章介绍了需求管理的基本原则。第三部分的后面部分将介绍变更控制、需求跟踪、变更的影响分析与关于帮助管理项目需求的商业工具的讨论。

16.1 需求管理和过程能力成熟度模型

卡内基·梅隆大学的一个软件工程研究院提出一个模型概念——过程能力成熟度模型(Capability Maturity Model,CMM),这对需求管理是一个有用的指导(CMU/SEI,1995)。CMM是在软件开发机构中被广泛用来指导过程改进工作的模型。该方法描述了软件处理能力的5个成熟级别。处于一级的组织以非正式的方式管理项目进度,通常依靠能创造奇迹的管理者和从业者获得成功。处于更高成熟度级别的组织把具有创造性、训练有素的员工同软件工程和项目管理过程结合起来,然后持续不断地获得成功。为达到软件过程能力成熟度模型的第二级,组织必须具有在软件开发与管理的6个关键过程域(key process areas,KPA)达到目标的能力。

需求管理是其中之一,它的目标是为软件需求建立一个基线供软件工程和管理使用;使软件计划、产品和活动同软件需求保持一致。

CMM确定若干先决条件和技术策略,使组织能持续地达到这两个目标,但并不指定组织必须遵循的需求管理过程。需求管理的关键过程领域不涉及收集和分析项目需求,而是假设已经获得了需求。需求文档化后应及时审核,如果发现问题,要立刻与客户一起解决问题。开发团队向外部给出承诺前,应该确认需求、约束条件、偶然因素、风险、假定条件。即使因为一些原因被迫承诺,也不要承诺做不到的事。

关键处理领域同样建议通过版本控制和变更控制管理需求文档。版本控制确保能随时掌握在开发和计划中正在使用的需求的版本情况。变更控制提供了可以支配的规范的模式统一需求变更,并且基于技术和业务的因素赞成或反对建议的变更。当增加、删除、修改需求时,开发计划应该与之更新并保持一致。计划必须反映现实,否则毫无益处。有时变更的需求的质量并不能达到理想的结果。能使项目反映最新的或变更过的需求有如下几种方法:

- 暂时搁置次要需求。
- 短期内带薪加班处理。
- 得到一定数量的后备人员。
- 将新的功能加入进度安排。
- 为了保证按时交工,使质量受一些必要的影响(通常,这是默认反应)。

由于项目在特性、进度、人员、预算、质量各个方面的要求不同,所以不存在一个放之四海皆准的模式(Wiegers,1996)。遇到状况时,可以对某些约定进行调整。

16.2 需求管理步骤

开发组织应该定义项目组执行管理需求的步骤并将其文档化。

请考虑选择以下主题:

- 如何制定需求基线。
- 需求状态跟踪和报告过程。
- 分析已建议变动的影响应遵循的步骤。
- 将使用哪个需求状态,并且是谁允许做出的变更。
- 在某种情况下需求变更将会怎样影响项目计划和约定。
- 用于控制各种需求文档和单个需求版本的工具、技术和习惯做法。
- 建议、处理、协商、通告新的需求和变更给有关功能域的方法。

可以将上面的所有信息写在一个文档中或者专题分述,如分成变更控制过程、影响分析过程、状态跟踪过程。这些过程反映了每个项目所应具有的公共功能。

16.3 需求规格说明的版本控制

开发人员在项目的每周例会上说:“快速内排序功能,终于被我实现了”。

项目经理说:“可是这个功能七天前已经被客户放弃了。难道你没有看变更后的软件需求规格说明吗”?

如果听过这样的对话,你就会知道做了这么多无用的工作还没得到丝毫安慰的员工的心情有多么低落。

版本控制是管理需求的一个必要方面。需求文档的每个版本必须被统一确定。确保每个组员都能拿到需求的当前版本,变更的需求被写成文档,项目的所有人员被及时通知。为了避免意外,应对更新需求设置权限。这些策略适用于所有关键项目文档。

每个发布的需求文档的版本都应附带一个修正版本的历史情况,即已做变更的内容、变更日期、变更人的姓名以及变更的原因。

应该使用标准修改符,例如,“---”代表取消,“___”代表添加,在页边空白的“|”指示每个变动的位置。因为这些符号会弄乱文档,支持修改符的文字处理软件使你能够预览和打印编辑后的文档或最终的结果。可以考虑给每个需求标记上版本号,修改需求后就增加版本号。

版本控制的最简单方法是根据标准约定手工标记软件需求规格说明的每一次修改。不推荐根据日期区别文档的不同版本,因为容易产生错误。使用一种手工方法,任何新的文档

的第一版都标记为"1.0 版(草案 1) ",下一版标记为"1.0 版(草案 2) ",在文档被采纳为基线前,草案数可以随着改进逐次增加。当文档被采纳后,被标记为" 1.0 正式版"。若只有较小的修改,可认为是" 1.1 版(草案 1) "。若有较大的修改,可认为是" 2.0 版(草案 1) "("较大"和"较小"只是一个主观的判断)。这个方式可清楚地区分草稿和定稿的文档版本,但是不能自动生成,而且这种手动操作是必要的。

一个具有更高级别的版本控制包括用版本控制工具存储需求文档,例如用登录和检出程序管理源代码。

我参加过一个项目,这个项目使用 Microsoft Word 管理了上千个使用实例文档。这个文档管理工具能让每个组员得到每个使用实例文档的先前版本,同时提供记录每个文档变更的日志。只有需求分析人员具有对存储文档的读写权利,其他成员只有读的权利。

版本控制的最有力方法是用一个商业需求管理工具的数据库存储需求(详见第 18 章)。这些工具能跟踪和报告每个需求的变动历史,当需要恢复早期的需求时,这很有价值。增加、删除、修改一个需求后,附注的变更原因将会很有用。

16.4 需求属性

除了文本,每个功能需求应该有一些相关的信息或属性。这些属性在它的预期功能外为每个需求建立了一个上下文和背景资料。属性值可以记录在纸质文档上,存储在一个数据库或需求管理工具中。

商业工具除了含有系统属性外,还能定义各种数据类型的其他属性。除此之外,这些工具还允许过滤、排序、查询数据库,以查看根据需求的属性值所选择的需求子集。

对于大型项目来说,各式各样的需求属性是必不可少的。那么,一般有哪些需求属性呢? 以下是我们需要确定的需求属性。

- 创建需求的时间。
- 需求的版本号。
- 创建需求的作者。
- 负责认可该需求的人员。
- 需求状态。
- 需求的原因或根据(或信息的出处)。
- 需求涉及的子系统。
- 需求涉及的产品版本号。
- 使用的验证方法或接受的测试标准。
- 产品的优先级或重要程度(如高、中、低或把能定义的属性表示成本书第 13 章描述的优先级的 4 个方面：收益、损失、成本、风险）。

- 需求的稳定性（将来需求可能变更的指示器、不稳定的需求意味需要给予较多的关注，因为你将面临混乱不定的业务过程）。

定义和更新这些属性值是需求管理成本的一部分。精心挑选属性的最小子集能帮助你有效地管理项目。例如，在总的开发跟踪系统中不必在需求数据库中重复设置别的地方已经设置了的属性，不必把负责认可需求的人员和需求涉及的子系统都记录下来。

在整个开发过程中，跟踪每个需求的状态是需求管理的一个重要方面（Caputo，1998）。在每个可能的状态类别中，周期性地报告各状态类别在整个需求中所占的百分比将会改进项目的监控工作。

工具能帮你跟踪每次状态改变的日期，当然，需要满足 3 个条件：一是有清晰的要求；二是指定了允许修改状态信息的人员；三是确定了每个状态变更应满足的条件。

表 16-1 建议了几种需求状态。一些专业人员添加了一些状态，如“已设计”（表明功能需求部分已设计和已评审）或“已交付”（意味着修改后的软件已交付用户进行 β 版测试），保存一份已提出但没有批准的（即被拒绝状态）需求的记录非常有用，因为在开发中这些需求随时会被重新提出。

表 16-1 建议的需求状态表

状态值	定 义
已建议	该需求已被有权提出需求的人建议
已批准	该需求已被分析，估计了其对项目余下部分的影响（包括成本和对项目其余部分的干扰），已用一个确定的产品版本号或创建编号分配到相关的基线中，软件开发团队已同意满足该项需求
已实现	已实现需求代码的设计、编写和单元测试
已验证	使用所选择的方法已验证了实现的需求，如测试和检测，审查该需求跟踪与测试用例相符。该需求现在被认为完成
已删除	计划的需求已从基线中删除，但包括一个原因说明和做出删除决定的人员

图 16-2 以图示的方法跟踪了一个假想为期 10 个月的项目持续过程中的需求状态，展示了每个月底各个状态的系统需求的百分比。这个图并不能表示基线中的需求数量是否正在随时间而改变，但它说明了你是如何达到完全验证所有已获批准需求这个目标的。

对这些需求进行分门别类检测要比对每个需求的完成情况都检测要现实一些。因为软件开发人员报告完成任务的百分比时，往往过于乐观，认为剩下的需求将会很快被完成。趋向于“集中”，他们的进展将导致软件项目或主要任务在很长时间内都会处于快要完成却完成不了（百分之九十几）的瓶颈期。

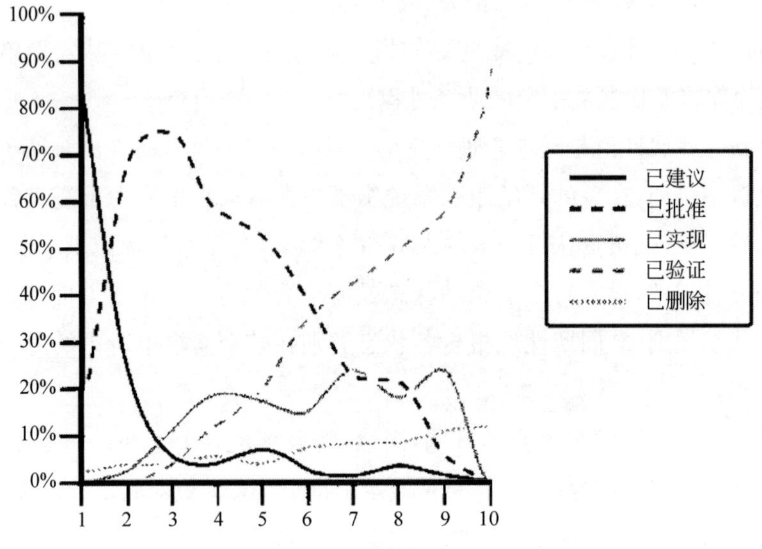

图 16-2　在整个项目开发周期中跟踪需求状态的分布

只有当特定的转换条件满足时，才能改变需求的状态。某个状态的改变会导致更新需求跟踪能力矩阵，该矩阵指示与该需求相关的设计、代码、测试元素。这些将会在第 18 章论述。

16.5　度量需求管理的效果

在每个项目的工作分类细目结构中，需求管理活动应该表现为分配有资源的任务。测算当前项目中的需求管理成本是计划未来需求管理工作或经费的最佳途径。

一个从未度量过工程任何一个方面的组织通常发现很难保持一个耗时条目的相关记录。测算实际开发和项目管理的工作量要求有思想上的转变和记录日常工作的习惯。然而，测算其实没有人们所想的那么消耗时间，了解成员花费在各个项目任务上的确切工作量会使你获得有价值的资料（Wiegers，1996）。

应该注意到，工作量计算与翻过的日历时间不成正比，任务进度可能被打断或因同客户协商造成拖延。每个单元的工作时数总和表明一个任务的工作量，这个数据没必要随外界因素变化，但总体上却比原计划大一些。

跟踪实际的需求管理效果可以知道组员对需求管理采取的方式是否合理。如果管理方式不当，如不管约束、超出范围或缺失需求都会给项目带来更大的风险。

试考虑需求管理的下列活动的效果：

- 变更控制委员会活动。
- 跟踪和报告需求状态。

- 更新需求文档或数据库。
- 定义和更新需求跟踪能力信息。
- 提出需求变更和已建议的新需求。
- 评估已建议的变更，包括影响分析。
- 在涉及人员或团队中交流需求的变更。

虽然需求管理不是尽善尽美的，也会出现效率低下或需求不全的问题，但是我们在需求管理上并不是没有任何收获。有效的需求管理策略，使参与项目的所有工作人员的信息对称度大大提高。

下一步：

- 恰当选择用来描述功能需求生存期的状态。在软件需求规格说明中定义每个需求的当前状态，并且在开发过程中不断更新它。
- 定义一个确认需求文档的版本控制计划，把这个计划编写成文档并作为需求管理过程的一部分。
- 把组织用来管理每个项目需求的步骤描述下来。让几个分析员起草、评审、实验并最终确定过程活动，以保证可交付性。确保选择的过程步骤是实际可行和现实的，并且对这个项目有所帮助。

第 17 章　管理变更请求

软件评估过程一旦执行，我会询问项目组成员如何才能接受产品的变更需求，他们的回答是"无论何时市场代表对 Bruce 或 Sandy 提出变更要求，他们总是说同意，我们就只好努力去做"，没有正面回答我的问题。不被控制的变更是项目陷入混乱、不能按进度执行或软件质量低劣的原因。为了使开发组织能够严格控制软件项目，应确保以下事项：

(1) 仔细评估已建议的变更。

(2) 挑选合适的人对变更做出决定。

(3) 变更应及时通知涉及的所有人员。

(4) 项目要按一定的程序采纳需求变更。

只有承担者在开发过程中能控制变更，他们才知道将交付什么，哪一项将会导致与目标的差距。对项目了解越深，越能发现采纳变更需求条件的苛刻。而自己的原则是在需求文档中一定要反映项目的变更，需求文档要精确描述交付的产品。如果软件需求文档同产品不一致，那它就毫无用处，就像没有一个软件需求文档指导开发组开发一样。

不得不做出变更时，应该按照从高级到低级的顺序对被影响的需求文档进行处理。

17.1　控制项目范围的扩展

Capers Jones(1994)在报告中声称扩展需求对 80%的管理信息系统项目和 70%的军事软件项目造成风险。扩展需求是指在软件需求基线已经确定后又要增添新的功能或进行较大改动。

对许多项目来说，一些需求的改进是合理的且不可避免。业务过程、市场机会、竞争性的产品和软件技术在开发系统期间是可以变更的，管理部门也会对项目进行一些调整。

管理范围扩展的第一步是把新系统的视图、范围、限制文档化并作为业务需求的一部分，评估每项建议的需求和特性，将它与项目的视图和范围进行比较决定是否应该采纳它。强调客户参与的有效的需求获取方法能够减少遗漏需求的数量，只在做出提交承诺和分配资源后才采纳该需求(Jones,1996)。

控制需求扩展的另一个方法是原型法,这个方法能够使用户预览所有可能的实现,从而帮助用户与开发人员沟通,把握用户的真实需求(Jones,1994)。事实上,控制范围的扩展的方法是要敢于说"不"(Weinberg,1995)。很多人不喜欢说"不",开发人员只好在各种压力下接受每一项建议的需求。"客户是上帝","我们将使客户完全满意",这些话哲理上是正确的,一旦按此办事,就要付出代价。忽视代价并不能改变"变更不免费"的事实。我知道一个成功的商业开发公司,首席执行官习惯于建议新的特色,但开发管理者总是婉转表达出所有特色都应该采纳,这将导致错过提交日期,质量下滑(slipshod),开发人员疲劳不堪。尽管客户并不总对,但他们是"上帝",所以应该尽可能在下一版本中满足他们的需求。

"瀑布"型软件开发生存期模型的前提是：在理想的情况下,在开始构造前应该收集到所有新系统的需求,而且在开发中基本上不变更。但在实践中,它却不太有效。

17.2　变更控制过程

一个好的变更控制过程给项目风险承担者提供了正式的建议需求变更机制。通过这些处理过程,项目负责人(leader)可以在信息充分的条件下作出决策,这些决策通过控制产品生存期成本增加客户和业务价值。可以通过变更控制过程跟踪已建议变更的状态,确保不丢失或疏忽已建议的变更。一旦确定了一个需求集合的基线,就应该使所有已建议的变更都遵循变更控制过程。

变更控制过程是一个渠道和过滤器,通过它可以确保采纳最合适的变更,使变更产生的负面影响减少到最小。变更过程应该做成文档,尽可能简单,当然首要的是有效性。

控制需求变更同项目其他配置管理决策紧密相连。管理需求变更类似于跟踪错误和做出相应决定过程,相同的工具能支持这两个活动。

17.2.1　变更控制策略

项目管理应该达成一个策略：如何描述并处理需求变更。策略具有现实可行性,要被加强才有意义。下面为需求变更有用的策略：

(1) 所有的需求变更必须遵循变更控制过程。

(2) 对于未获批准的变更,除可行性论证外,不应再做其他设计和实现工作。

(3) 项目风险承担者应该能够了解变更数据库的内容。

(4) 绝不能从数据库中删除或修改变更请求的原始文档。

(5) 每个集成的需求变更必须能跟踪到一个经核准的变更请求。

当然,大的变更会对项目造成显著的影响,而小的变更可能不会有影响。原则上,应该通过变更控制过程处理所有变更。在实践中，可以将一些具体的需求决定权交给开发人员决定。但是，若变更涉及两个人或两个人以上，则通过变更控制过程处理。

项目由两大部分组成：一是用户集成界面应用；二是内部知识库，但缺乏变更控制过程。

17.2.2 变更控制工具

自动工具能够有效地执行变更控制过程(Wiegers，1996)。通常使用商业问题跟踪工具收集、存储、管理需求变更。可以使用这些工具对一系列最近提交的变更建议产生一个列表给变更控制委员会开会时做议程用。问题跟踪工具也可以随时按变更状态分类报告变更请求的数目。

通常使用高级配置的问题管理工具存储软件需求变更请求、问题报告、建议的产品增强，更新 Web 站点内容及新开发项目请求。选工具时可以考虑以下几个方面：

(1) 可以定义变更请求的数据项，记录每种状态变更的数据，确认做出变更的人员。

(2) 可以加强状态转换图，使经授权的用户仅能做出所允许的状态变更。

(3) 可以定义在提交新请求或请求状态被更新后应该自动通知的设计人员。

(4) 可以根据需要生成标准的或定制的报告和图表。

(5) 可以定义变更请求生存期的状态转换图。

17.2.3 变更控制步骤

描述一项变更控制步骤的模板，它能够应用于需求变更和其他项目变更。下面主要讨论关于过程是如何处理需求变更的。步骤中的 4 个组件和若干个过程描述将会很有用。

(1) 开始条件(entry criteria)：在执行过程或步骤前应该满足的条件。

(2) 过程和步骤中包含的不同任务(task)及项目中负责完成它们的角色。

(3) 验证(verify)任务正确完成的步骤。

(4) 结束条件(exit criteria)：指出过程或步骤完成的条件。

绪论主要说明此步骤(procedure)的目的，并且确定了步骤能够应用的范围。如果步骤仅适合特定产品中的变更，在绪论中应该明确表示。绪论还指明是否忽略特定种类的变更。

1. 角色和责任

列出参与变更控制活动的项目组成员并且描述他们的责任。

2. 变更请求状态

一个变更请求要求有一个生存期，相应地有不同的状态。可以使用状态转换图表示这些状态的变化。

3. 开始条件

变更控制步骤的基本条件是：通过合适的渠道接受一个合法的变更请求。

所有潜在的建议者都应该知道如何提交一个变更请求，是通过书面、基于 Web 的表单（或者发一个电子邮件），还是使用变更控制工具。将所有的变更控制传递到一个联系点，且为每个变更请求赋予统一的标识标签。

4. 任务

接收到一个新的变更要求后，下一步是评估建议的技术可行性、代价、业务需求和资源限制。变更控制委员会主席要求评估者执行一个系统影响分析、风险分析、危害分析及其他评估。这些分析确保能很好地理解接受变更所带来的潜在影响。评估者和变更控制委员会同样应考虑拒绝变更带来的影响。

制定决策的人应进入变更控制委员会，决定是采纳，还是拒绝请求的变更。CCB 给每个采纳的变更需求设定一个优先级，或变更实现日期，或将它分配给指定的产品。变更控制委员会通过更新请求状态和通知所有涉及的小组成员传达变更决定。相关人员可能不得不改变工作产品，如软件需求规格说明文档、需求数据库、设计模型、用户界面部件、代码、测试文档、用户文档。修改者必要时应更新涉及的工作产品。

5. 验证

验证需求变更的典型方法是通过检查确保更新后的软件需求规格说明文档、使用实例文档、分析模型正确反映变更的各个方面。使用跟踪能力信息找出受变更影响的系统的各个部分，然后验证它们实现了变更。属于多个团组的成员可能会通过对下游工作产品进行测试或检查参与验证变更工作。验证后，修改者安装更新后的部分工作产品，并通过调试使之能与其他部分正常工作。

6. 退出条件

为了完成变更控制执行过程，下列退出条件应该得到满足：请求的状态为“拒绝”“结束”或“取消”。

(1) 所有修改后的工作产品都安装至合适的位置。

(2) 建议者、变更控制主席、项目管理者和其他相关的项目参与者都已经注意到变更的细节和当前的状态。

(3) 已经更新需求跟踪能力矩阵。

7. 变更控制状态报告

用报告、图表总结变更控制数据库的内容和按状态分类的变更请求数量，描述产生报告的步骤。项目管理者通常使用这些报告跟踪项目状态。

17.3 变更控制委员会

软件开发活动中公认变更控制委员会或CCB(有时也称为结构控制委员会)为好的策略之一(McConnell,1996)。变更控制委员会可以由一个小组担任或者由多个不同的组担任,负责决定变更哪些已建议的需求或将新产品的哪些特性付诸应用。典型的变更控制委员会同样决定在哪些版本中纠正哪些错误。许多项目已经有负责变更决策的人员,而正式组建变更控制委员、制定操作步骤,会使他们更有效地工作。

广义上,变更控制委员会对项目中任何基线工作产品的变更都可做出决定,需求变更文档仅是其中之一。大项目可以有几级控制委员会,有些负责业务决策(如需求变更),另一些负责技术决策(Sorensen,1999)。有些变更控制委员会可以独立做出决策,而有些只是负责决策的建议工作。高级变更控制委员会做出的决策对计划的影响应比低级变更控制委员会做出的决策对计划的影响大。

变更控制委员会是指变更控制委员会的企业结构可以很好地管理项目,哪怕是一个小项目。

17.3.1 变更控制委员会总则

设立变更控制委员会的第一步是写一个总则,描述变更控制委员会的目的、授权范围、成员构成、做出决策的过程及操作步骤(Sorensen,1999)。总则也应该说明举行会议的频度和事由。管理范围是指该委员会能做什么样的决策,以及哪种决策应上报高一级的委员会。

1. 制定决策

制定决策过程(程式)的描述应确认:

(1) 变更控制委员会必须到会的人数或做出有效决定必须出席的人员。

(2) 变更控制委员会主席是否可以否决CCB的集体决定。

(3) 决策的方法。

变更控制委员会应该对每个变更权衡利弊后做出决定。"利"包括节省的资金或额外的收入、增强的客户满意度、竞争优势、减少的上市时间。"弊"是指接受变更后产生的负面影响,包括增加的开发费用、推迟的交付日期、产品质量的下降、减少的功能、用户的不满意度。如果估计的费用超过本级变更控制委员会的管理范围,则上报到高一级委员会,否则用制订的决策程式对变更做出决定。

2. 交流情况

一旦变更控制委员会做出决策,指派的人员应及时更新数据库中请求的状态。有的工具可以自动通过电子邮件通知相关人员。若没有这样的工具,就应该人工通知,以保证他们能充分处理变更。

3. 重新协商约定

变更是有代价的。即使拒绝的变更,也因为决策行为(提交、评估、决策)而耗费了资源。变更对新的产品特性会有很大的影响。所以,当工程项目接受了重要的需求变更时,为了适应变更情况,要与管理部门和客户重新协商约定(Humphrey,1997)。协商的内容可能包括:推迟“交货”时间、要求增加人手、推迟实现尚未实现的较低优先级的需求,或者质量上进行折中。

17.3.2 测量变更控制委员会的组成

变更控制委员会的成员应能代表变更涉及的团体。变更控制委员会可能包括如下方面的代表:

(1) 产品或计划管理部门。

(2) 测试或质量保证部门。

(3) 市场部或客户代表。

(4) 项目管理部门。

(5) 制作用户文档的部门。

(6) 技术支持部门。

(7) 开发部门。

(8) 帮助桌面或用户支持热线部门。

(9) 配置管理部门。

组建包含软、硬件两方面项目的变更控制委员会时,也要包括来自硬件工程、系统工程、制造部门或者硬件质量保证和配置管理的代表。建立变更控制委员会在保证权威性的前提下应尽可能精简人员。大团队可能很难碰头和做出决策。确保变更控制委员成员明确担负的责任。有时为了获得足够的技术和业务信息,也可以邀请其他人员参加会议。

17.4 活动

软件测量是深入项目、产品、处理过程的调查研究,比起主观印象或对过去发生事情的模糊回忆要精确得多。测量方法的选择应由面临的问题和要达到的目标为依据。测量变更活动是评估需求的稳定性和确定某种过程改进时机(opportunity)的一种方法。需求变更活动的下列方面值得考虑(CMU/SEI,1995):

(1) 接收、未作决定、结束处理的变更请求的数量。

(2) 每个已应用的需求(是指已画过基线)建议变更和实现变更的数量。

(3) 投入处理已实现需求变更(包括增加、删除、修改)的合计数量(也可以用在基线上占需求总数的百分比表示)。

(4) 变更的人力、物力。

(5) 每个方面发出的变更请求的数量。

可以先用简单的测量法在组织中建立氛围,同时收集有效管理项目所需的关键数据。获得经验后,建立复杂的测量方法管理项目。

一旦画好需求基线,应遵循变更控制过程处理建议的变更,并开始跟踪变更的频率(需求的稳定性)。这种图表的最终趋势应为零。持续高频率的变更隐含了项目超期的风险,同样也表明原来需求的基线不完善,应该改进需求获取的策略。

下一步:

- 确定决策制定者并且建立一个变更控制委员会。制定变更委员会的总则,使每个人都理解变更控制委员会的目的、组成及决策制定过程。
- 为项目建议的需求变更生存期制定一个状态转换图。制定一个描述项目组如何处理建议变更的过程。手工使用这些过程,直到确信它是实用的、有效的,并且简单到能成功使用为止。
- 选择合适的商业问题跟踪工具,它们能与所处的环境密切配合,并且通过裁剪工具可以支持以前开发出的变更控制过程。

项目管理者应该知道频繁的需求变更会导致产品不能按时交付。可以通过跟踪产生需求变更的来源深入剖析这个问题。先进的需求开发技术可以减少面临的需求变更的数量。效率高的需求获取和管理策略将增强按时交付的能力。

第 18 章　需求链中的联系链

“开发工作进展如何，李明?”，在一次项目状态检查会上，“生物制品跟踪系统”项目经理小华问道。

“我没有按计划执行”，李明说，“我正在应小王的要求添加一个销售分类查询功能，比我之前预计的工作量大了很多。”

小华似乎有点迷惑，“好像在最近的变更控制委员会的会议中我们没有讨论过这个功能。小王是通过变更过程提交要求的吗”?

“没有，她直接给了我这个建议”，李明说，“本该请她通过正式渠道，但这个功能看上去较简单，所以当时我就答应她了。实际上这个功能并不像看上去那么简单，每次当我认为该完工了，但总是感觉另一个地方出了纰漏，之后又测试一遍。原以为花 4 小时的时间就可以了，实际上花了 4 天时间，造成没能按计划完成任务。我知道延误了工期，现在十分纠结”。

一个软件往往并不像看上去那么简单，花费时间也是难以预料的。一个微小的修改可能影响到全局。开发过程中在同意接受建议的变更之前，要明确自己的目标。

本章讲述开发过程中的需求跟踪和需求变更影响分析的相关内容。需求跟踪包括编制每个需求同系统元素之间的联系文档。这些元素包括别的需求、体系结构、其他设计部件、源代码模块、测试、帮助文件、文档等。跟踪能力信息使变更影响分析十分便利，有利于确认和评估实现某个建议的需求变更所必须的工作。

18.1　需求跟踪

跟踪能力(联系)链(traceability link)可以跟踪一个需求使用期限过程，即从需求源到实现的前后生存期(Gotel et al.，1994)。第 1 章优秀需求规格说明书的一个特征是指出跟踪能力。为了实现可跟踪能力，每个需求都要统一标识，以便查阅(Davis，1993)。

图 18-1 展示了 4 类需求跟踪能力链(Jarke,1998)。可以追溯到需求,这样就能区分由于需求变更受到影响的需求。这也确保了需求规格说明书包括所有客户需求。同样,可以回溯相应的客户需求,找到并确认每个软件需求的源头。使用实例的形式描述客户需求,可以参照图 18-1 上半部分。

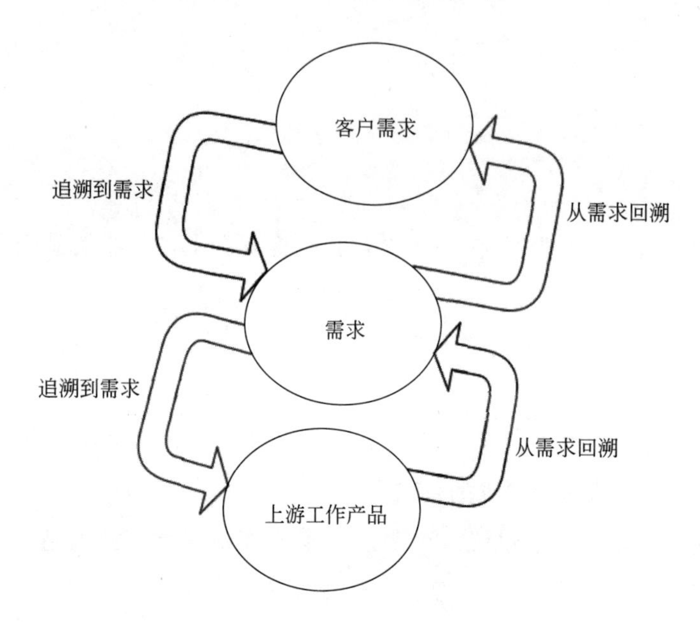

图 18-1　4 类需求跟踪能力链

图 18-1 的下半部分指出:系统需求会转变为软件需求、设计、编写等,所以可以通过定义单个需求和特定的产品元素之间的(联系)链从需求向前追溯。这会使你知道每个需求对应的部件,从而确保产品符合要求。第 4 类联系链是从产品部件回溯到需求,使你知道每个部件为何存在。一般情况下,代码不会与用户需求直接相关,但开发人员却要知道这一行代码的意义。如果不能把设计元素、代码段或测试回溯到一个需求,可能会"画蛇添足"。然而,若这些孤立的元素有其功能,那么就是需求规格说明书漏掉了一项需求。

跟踪能力联系链记录了单个需求之间的各种关系。当某个需求被删除或修改后,这种信息能够确保变更传播正确,并做出正确的调整。

图 18-2 说明了许多能在项目中定义的直接跟踪能力联系链。一个项目不是必须拥有所有种类的跟踪能力联系链,具体情况具体调整。

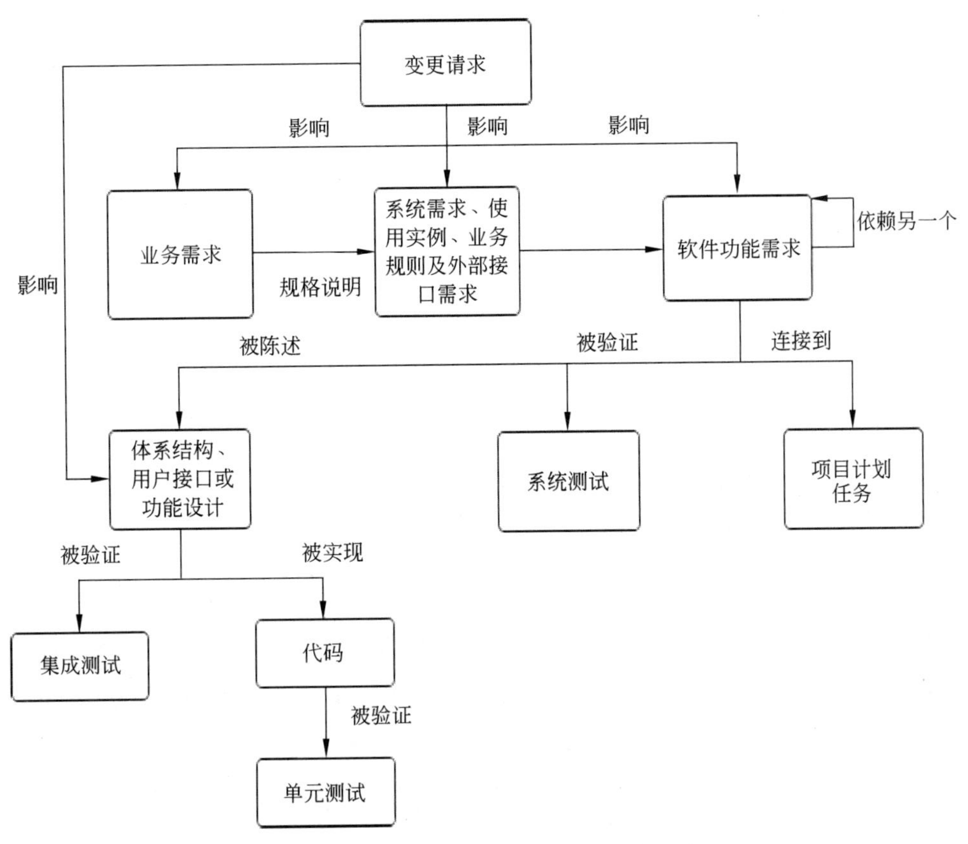

图 18-2 一些可能的需求跟踪能力联系链

18.1.1 需求跟踪动机

在程序员的开发中，即使是忽略了一个需求，在完成编程后，也不得不返工编写额外的代码。如果忽略某几个需求，造成用户不满意或发布一个不符合要求的产品，那就不仅仅是尴尬了。在某种程度上，需求跟踪提供了一个表明与合同或说明一致的方法。更进一步，需求跟踪可以改善产品质量，降低维护成本，而且很容易实现重用(Ramesh，1998)。

需求跟踪是一个大型工程，要求组织提供支持。在系统开发的进行和维护的执行过程中，要保持信息与实际一致。跟踪能力信息一旦过时，就会被丢弃。由于种种原因，需求跟踪能力应该正确使用。下面是使用需求跟踪能力的一些好处。

- 审核(certification)：跟踪能力信息可以帮助审核所有应用。
- 变更影响分析跟踪能力信息：变更时可以确保遍历每个受到影响的系统元素。
- 维护：使得维护时能正确、完整地实施变更，从而提高效率。若暂时不能为整个系统建立跟踪能力信息，则可以分步进行。从系统的一部分着手建立，先列表需求，然后记录跟踪能力链，再逐渐拓展。

- 项目跟踪：在开发中认真记录跟踪能力数据，就可以获得计划功能当前实现状态的记录。还未出现的联系链意味着没有相应的产品部件。
- 再设计(重新建造)：可以列出传统系统中将要替换的功能，记录它们在新系统中的需求和软件组件中的位置。通过定义跟踪能力信息链提供一种方法，收集从一个现成系统的反向工程中学到的方法。
- 重复利用跟踪信息：可以不在新系统中申请已有的资源，如功能设计、相关需求、代码、测试等。
- 减小风险：可以减小变更带来的风险(Ambler，1999)。
- 测试：测试模块、需求、代码段之间的联系链，可以分析代码的错误。

以上所述许多是长期利益，减少了整个产品生存期的费用，但同时也有成本问题。这个问题应该这样看，把增加的费用当作一项投资，这笔投资可以使你的产品更好。尽管很难计算，但这笔投资体现在每次修改、扩展或代替产品时。如果在开发工程中收集信息，定义跟踪能力联系链一点也不难，但要在整个系统完成后实施成本太高。

CMM(capability maturity model)的第三层次要求具备需求跟踪能力(CMU/SEI，1995)。软件产品工程活动的10个关键处理领域有关于它的陈述，"在软件工作产品之间，维护一致性。工作产品包括软件计划、过程描述、分配需求、软件需求、软件设计、代码、测试计划，以及测试过程"。需求跟踪过程中还定义了一些关于一个组织如何处理需求跟踪能力的期望。

18.1.2 需求跟踪能力矩阵

使用需求跟踪能力矩阵是表示需求和别的系统元素之间的联系链的最普遍方式。表18-1是一个实例的跟踪能力矩阵的一部分，说明了每个功能性需求向后连接一个实例，向前连接一个或多个设计、代码和测试元素。设计元素可以是模型中的对象，如数据流图、关系数据模型中的表单。代码可以是类中的一种方法及一个标志。加上更多的列项就可以拓展到更多的关联，如文档。软件做得越详细越费时，但软件质量会更好。

跟踪能力联系链可以定义各种系统元素类型间的对应关系。表18-1允许在一个表单元中填入几个元素实现这些特征。下面是一些可能的分类。

- 一对一：一个代码模块应用一个设计元素。
- 一对多：多个测试实例验证一个功能需求。
- 多对多：每个使用实例导致多个功能性需求，而一些功能性需求常拥有几个使用实例。

应该养成手工创建需求跟踪能力矩阵的习惯。矩阵元素要实时添加。随着软件设计、构造、测试开发的进展不断更新矩阵。例如，在实现某一功能需求后，可以更新它在矩阵中的设计和代码单元，将需求状态设置为“已完成”。

另一个方法是通过矩阵的集合。矩阵定义了系统元素对间的联系链。

例如：

- 同类中不同的需求之间。
- 一类需求与另一类需求之间。
- 一类需求与测试实例之间。

矩阵中的需求有不同的联系，如指定/被指定、依赖于、衍生为以及限制/被限制。

表 18-1　需求跟踪能力矩阵

使用实例	功能需求量	设计元素	代 码	测试实例
UC-30	catalog.query.import	class catalog	catalog.validat()	search.7 search.8
UC-31	catalog.query..sort	class catalog	catalog.import.()	search.8 search.13 search.14

表 18-2 说明了二维的跟踪能力矩阵。矩阵中绝大多数的单元都是空的。每个单元指示对应行与列之间的联系，可以使用不同的符号明确表示“追溯到”和“从……回溯”或其他的不同联系。表 18-2 中的箭头表示实例与需求之间的关系。这些矩阵相对于表 18-1 中的机器更支持单跟踪能力。

表 18-2　反映使用实例与功能需求之间联系的需求跟踪能力矩阵

功能需求	使用实例			
	UC-1	UC-2	UC-3	UC-4
FR-1				
FR-2				
FR-3				
FR-4				
FR-5				
FR-6				

无论谁有合适的信息，都可以定义跟踪能力联系链，见表 18-3，即关于不同种类源和目标对象间的联系链定义了有意义的元素。

表 18-3 跟踪能力联系链可能的信息源

链的源对象种类	链的目的对象种类	信 息 源
系统需求	软件需求	系统工程师
使用实例	功能性需求	需求分析员
功能性需求	功能性需求	需求分析员
	软件体系结构元素	软件体系结构(设计)者
	其他设计元素	开发人员
	测试实例	测试工程师
设计元素	代码	开发人员

18.1.3 需求跟踪能力工具

所以,需求跟踪能力不能完全自动化,需要依照开发组成员。然而,一旦已确定联系链,就可以做到自动执行。可以使用电子数据表维护几千个需求的矩阵,但更大的系统需要更好的解决办法。

本章描述了具有强大需求跟踪能力的商业需求管理工具,这些工具均使用表 18-2 的跟踪能力矩阵。可以在工具的数据库中存储需求,定义不同的联系链和同一级别的联系链。有些工具需要区分"追溯到(跟踪进)"与"从……回溯(跟踪出)"关系,自动定义相对的联系链,也就是说,如果指出需求 T 追溯到测试实例 R,工具会自动定义相对的联系" R 从 T 回溯"。还有一些工具可以在联系链某端变更后标识另一端,便于检查其影响。

这些工具允许定义跨越式的联系链。我了解到一个有 40 个子系统的大项目,一些高层产品需求建立在多个低级别系统之上。有些情况下,分配给一个子系统的需求实际上是由另一个子系统提供的服务完成的。这样的项目采用商业需求管理工具可以成功地跟踪这些复杂的跟踪能力关系。

18.1.4 需求跟踪能力过程

当应用需求跟踪能力管理工程时,可以考虑下列步骤:

(1) 选好关系链,可以参见图 18-2 进行。

(2) 使用正确的矩阵,是表 18-1,还是表 18-2?

(3) 确定对产品哪部分维护跟踪能力信息。从难点重点开始。

(4) 通过修订过程和核对表提醒开发人员在需求完成或变更时更新联系链。

(5) 制定标记性的规范,以统一标识所有的系统元素,达到可以相互联系的目的(Songetal,1998)。适当做文字记录。

(6) 确定提供每类联系链信息的个人。

(7) 培训项目组成员，让他们接受需求跟踪能力的概念并了解其重要性、这次活动的目的、跟踪能力数据存储位置、定义联系链的技术。例如，使用需求管理工具的特点。

(8) 每次有人完成任务都要更新联系链。

(9) 在开发过程中周期性地更新数据，以使跟踪信息与实际相符。如果数据不符合，就说明错误。

18.1.5　需求跟踪能力可行性和必要性

读者可能会认为建造一个需求跟踪能力矩阵与它的价值相比麻烦多过益处，或者虽然简单，但却不实用。

并不是所有公司都会因为软件问题而造成严重的结果，但是应该严肃对待需求跟踪，尤其对涉及业务核心的信息系统，这也是针对不同公司说的。例如，在一个专题会上描述完跟踪能力后，在场的一个大公司的 CEO 问道："为什么不对战略商业系统作一个跟踪能力矩阵"？这是一个很好的问题。考虑应用技术的成本和不使用的风险后，才能决定是否使用任何改进的需求工程实践。永远都要把时间最大化利用。

18.2　变更需求代价：影响分析

许多开发人员有过类似本章正文前的那种对话情况。一个表面上很简单的变更可能转变成很复杂的局面。只要有新的需求，这种情况就免不了。开发人员往往对建议的软件变更成本或其他衍生结果不或不能提供准确的评估。变更并不是免费的，要理解一个功能的延展对全局的影响，须了解变更的成本。

影响分析是需求管理的一个重要组成部分(Arnold et al.,1998)。影响分析可以帮助做出信息量充分的变更批准决策。对变更的检验可以确定是否对系统尽心修改或者新建。

进行影响分析的能力依赖于跟踪能力数据的质量和完整性。

人们通常不愿意花时间做一件自己不确定的事情。在职业生涯中，大部分人都会遇到一件对整体无影响的变更。对这种令人奇怪的要求的正确回答是"不行"。变更只能在项目时间、预算、资源的限制内协商。

18.2.1　影响分析过程

变更的影响是什么？可以思考图 18-3 所示的几个问题。

第二个核对表如图 18-4 所示，用来帮助确定涉及的软件元素。熟练以后，可以按照具体情况修改。

举个例子。我们应该完全按下面的步骤执行。所以，这个影响分析方法强调广泛的任

- 基准（线）中是否已有需求与建议的变更冲突？
- 进行建议的变更会有什么样的负面效应或风险？
- 从技术条件和员工技能的角度看该变更是否可行？
- 执行变更是否会在开发、测试和许多其他环境方面提出不合理要求？
- 建议的变更是否不利于需求实现或其他质量属性？
- 实现或测试变更是否有额外的工具要求？
- 在项目计划中，建议的变更如何影响任务的执行顺序、依赖性、工作量或进度？
- 有待解决的需求变更与已建议的变更是否冲突？
- 不采纳变更会有什么业务或技术上的后果？
- 评审变更是否要求原型法或别的用户提供意见？
- 采纳变更要求后，浪费了多少以前曾做的工作？
- 建议的变更是否导致产品单元成本增加？例如，增加了第三方产品使用许可证的费用。

图 18-3　建议的变更涉及的问题核对表

- 确认必须创建、修改或删除的设计部件。
- 确认在修改后必须再次检查的工作产品。
- 确认报告、数据库或文件中任何要求的变更、添加或删除。
- 确认必须修改或删除的已有的单元、集成或系统测试用例。
- 确认任何必须创建或修改的帮助文件、培训素材或用户文档。
- 确认源代码文件中任何要求的变更。
- 确认文件或过程中任何要求的变更。
- 确认任何用户接口要求的变更、添加或删除。
- 评估要求的新单元、综合和系统测试实例个数。
- 确认变更影响的应用、库或硬件部件。
- 确认须购买的第三方软件。

图 18-4　变更影响的软件元素核对表

务确认。按图 18-3 进行一遍。

(1) 按图 18-4 进行一遍，要使用有效的跟踪能力信息。有些需求管理工具包含影响分析报告并且能发现受变更影响的系统元素。

(2) 使用如图 18-5 所示的一张工单(worksheet)评估预期任务要求的工作量，绝大多数的变更仅要求工单所列任务的一部分。

(3) 求评估工作值的总和。

工作量（劳动时数）	任务
——	更新软件需求规格说明书或需求数据库开发并评估原型
——	创建新的设计部件
——	修改已有的设计部件
——	开发新的用户界面部件
——	修改已有的用户界面部件
——	开发新的用户文档和帮助文件
——	修改已有的用户文档和帮助文件开发新的源代码
——	修改已有的源代码
——	购买和集成第三方软件修改构造文件
——	开发新单元测试和综合测试进行单元测试和综合测试，写新的系统测试
——	实例
——	修改已有的系统测试实例、自动测试驱动程序进行回归测试，开发新报
——	告
——	修改已有的报告
——	开发新的数据库元素
——	修改已有的数据库元素，开发新的数据文件
——	修改已有的数据文件、各种项目计划，更新别的文档
——	更新需求跟踪能力矩阵，检查工作产品
——	根据测试和检查情况返工，总计劳动时数

图 18-5　评估需求变更的劳动时数

(4) 确认任务执行的顺序，这些任务如何同当前的计划任务配合?

(5) 决定变更是否处于项目的临界路径。如果一个处于关键路径的任务延期，项目的完成之日将遥遥无期。每个变更都会消耗资源，如果能避免变更影响关键任务，则变更不会造成整个项目延期。

(6) 估计变更如何影响进度和费用。

(7) 通过与其他任意需求的收益、代价、成本和技术风险的比较评估变更的优先级(有关详情见第 13 章)。

(8) 向变更控制委员会报告影响分析结果，他们可以在采纳或拒绝变更的决策过程中使用这些评估信息。

在绝大多数实例中这花不了多少时间，可是对于开发人员来说，时间十分宝贵，但这个事情必须做，避免自己进入流沙区。

18.2.2　影响分析报告模板

图 18-6 是一个模板，用来进行变更影响分析。使用模板可以帮助变更控制委员会找到

有用的信息以做出正确的决策。实现此项变更的开发人员分析，变更控制委员会仅需要影响分析的总结。可以视情况调整模板。

变更请求ID____
标题____
描述____
分析者____
日期____
优先权评估：
　　相关收益____ (1~9)
　　相关代价____ (1~9)
　　相关成本____ (1~9)
　　相关风险____ (1~9)
　　最终优先级____
预计总耗时____劳动时数
预计损时____劳动时数
预计对进度的影响____天数
额外的成本影响____金额
质量影响____
____
被影响的其他需求____
被影响的其他任务____
要更新的计划____
综合事项____
生存期成本事项____
可能的变更所需检查的其他部件____
____

图 18-6　影响分析报告模板

下一步：

- 为当前开发的系统的最核心部件建立一个 15 ～ 20 需求的跟踪能力矩阵。尝试一下表 18-1 和表 18-2 的方法。随着项目的开发，逐步扩展矩阵。评估什么方法最有效以及什么样的收集和存储跟踪能力信息的方法最适合这个项目。
- 下次评估一个需求变更请求时，首先用旧方法预算耗时，再用本章的影响分析方法计算。最终比较两种方法哪个估算更准确。随着经验的积累，可以修改核对表和工单。
- 当有机会对一个文档不全的项目进行维护时，应该用反向工程的分析方法处理须修改的部分。要善于建立矩阵，以便以后在其基础之上工作的人有据可查。当工作小组继续维护该产品时，进一步扩充跟踪能力矩阵。

附录　当前需求实践的自我评估

附录有 20 个问题，可以用它们校准您的需求工程策略，确定在哪些领域需要完善。每个问题有 4 个选项，选出一个最能描述您当前处理软件需求问题方法的答案。如果您想知道自我评估的质量，那么每个 A 给 5 分，B 给 3 分，C 给 1 分，D 给 0 分。可能得分是 100 分。但是，不要在意分数的高低，用这个问卷能够发现应用新策略的机会，您的组织将会从中受益。每个问题都指明了相关章节。

有的问题可能不适合您的组织开发的软件。环境不同，您的项目可能不需要最全面、最复杂、最合适的方法。例如，市场上没有先例的高度创新的产品和由普通产品概念得到的产品，它们的需求是不同的。但是，应该承认的是非正式的需求方法增加了大量返工的可能性。从总体上遵照下面的策略，大多数组织都能有收获。

1. 项目的范围是如何确定、使用和交流的？【第 6 章】

   A. 评估所有建议的特性和需求变更，判断它们与文档中的任务和范围是否相符

   B. 使用标准的任务和范围文档模板，所有项目成员都能访问这个任务和范围文档

   C. 根据书上的项目任务陈述

   D. 设计产品的人通过心灵感应与开发组织进行交流

2. 客户如何与确定的和表征的产品进行交流？【第 7 章】

   A. 销售、管理和关键客户代表不同的用户类别，软件需求规格概括了他们的特征

   B. 通过管理，从销售调查和现有客户基础上确定目标客户

   C. 销售知道谁是客户

   D. 不确定谁是客户

3. 您如何得到用户需求的输入？【第 7 章】

   A. 明确代表不同用户类别的个人参与项目，并约定其责任与权利

   B. 调查或访问典型用户的中心小组成员

   C. 销售能提供用户的观点

   D. 开发人员已经知道需要建设什么

4. 如何培训您的需求分析员，他们是否富有经验？【第 2 章】

A. 我们具有专业或系统分析员，他们在与用户合作方面具有广泛的经验。他们同时理解应用领域和软件开发过程

B. 他们经过短期培训，在采纳技术和主持小组会议方面具有丰富的经验

C. 分析员是受过一两天软件需求训练的开发人员，以前具有和用户交互的经验

D. 他们没有任何经验，没接受过特殊的开发需求培训，宁愿编写代码

5. 如何将系统需求分配到产品的软件部分？【第 7 章】

A. 系统需求的一部分分配给软件子系统，并跟踪明确的软件需求。清楚定义子系统界面并文档化

B. 系统工程师分析系统需求并将其中一些分配给软件

C. 软件与硬件工程师讨论哪个子系统应该实现什么功能

D. 软件用来弥补硬件的不足

6. 用什么方法分析客户的问题？【第 8 章】

A. 我们观察用户如何完成他们当前的任务，将他们的工作流程模型化，了解他们希望新系统完成什么功能。这向我们表明他们的部分过程如何自动化，告诉我们什么软件特性是最有价值的

B. 我们与用户讨论他们的业务需求与当前的系统，然后写一个软件需求规格说明

C. 我们询问用户想要什么，记录下来，将其实现

D. 我们的开发人员很聪明，他们理解问题很深入

7. 用什么方法确定所有明确的软件需求？【第 8 章】

A. 我们为产品与不同用户类别的代表进行有组织的会见或专题讨论。通过实例理解用户的任务，然后从其中得到所需的功能需求

B. 销售或客户代表告诉我们产品应该具有什么特性和功能

C. 管理或销售提供了一个产品概念，开发人员制定需求。销售确定开发是否遗漏，有时销售也负责向开发人员转告产品概念的变更

D. 从一个大概的理解开始编写代码，并修改代码，直到完成

8. 如何将软件需求写为文档？【第 9、10 章】

A. 我们将需求存储在一个数据库或商业需求管理工具中，将分析模型存储在 CASE 工具中。每个需求将和一些属性共同存储

B. 我们结合一些用标准概念表示的图形分析模型，在与标准软件需求规格说明模板一致的基础上用结构化的自然语言书写需求

C. 我们编写非结构化的叙述性的文本文档，或者画出结构化的或面向对象的分析模型

D. 我们搜集口头历史、E-mail 信息、语音邮件信息、会见记录和会议记录

9. 如何获取非功能性需求，如软件质量属性，并将它们编写成文档？【第 11 章】

A. 通过与用户交谈确定每个产品的重要质量属性，然后将它们在软件规格说明中用准确的、可验证的方式记录下来

B. 将一些属性(如操作与安全需求)，编写成文档

C. 通过用户界面的 Beta 测试得到用户喜欢什么的反馈

D. 什么是"软件质量属性"？

10. 如何标记单个需求？【第 9 章】

A. 每个单独需求都有一个独立的、有意义的标记，它不会随其他需求的增加、移动或删除而遭到破坏

B. 采用层次数字方案，如 3.1.2.4

C. 采用加重号和数字的列表

D. 采用叙述性文本段落，明确的需求并未单独确认

11. 怎么建立单个特征或需求的优先级？【第 13 章】

A. 使用分析过程，评估与每个使用实例、特征或功能需求联系的价值、代价和风险

B. 根据客户的意见所有的需求都标记为高、中或低优先级

C. 客户告诉我们什么需求对他们最重要

D. 它们都很重要，否则我们不会首先将它们记录下来

12. 采用什么技术准备局部的解决方法，并验证对问题的相互理解是否一致？【第 12 章】

A. 我们计划开发抛弃型的报告和电子原型帮助我们改进需求。有时我们也开发评估模型，在原型的基础上，通过结构化的评估脚本获得客户反馈

B. 我们开发原型不仅用来作为用户界面的模型，也在适当的时候作为概念的技术证据

C. 我们开发一些简单的原型并从询问用户获得反馈。有时，我们不得不分发原型的代码

D. 没有任何技术，我们只负责开发系统

13. 如何评估需求文档的质量？【第 14 章】

A. 在客户、开发人员和测试者的参与下，我们对软件需求规格说明和分析模型进行正式的审查。针对需求编写测试用例，用它们确认软件需求规格说明和模型

B. 分析员和一些开发人员进行非正式的评审

C. 巡回传递需求文档以获得反馈

D. 我们认为我们的需求相当好

14. 如何分辨不同版本的需求文档？【第16章】
   A. 需求文档通过版本控制存储在配置管理系统中，或者需求存储在保存每个须修改历史的商业需求管理工具中
   B. 采用一种区分方案区分草稿版本和基线版本、主要修改和次要修改
   C. 为每个文档版本采用一个序列号，如1.0，1.1等
   D. 自动生成文档的打印日期
15. 如何跟踪软件需求到它们的来源？【第18章】
   A. 在软件需求和一些客户需求陈述、系统需求、使用实例、标准、规则、结构要求或其他来源之间建立全面的双向跟踪
   B. 所有需求都有一个确定的来源
   C. 我们知道许多需求的来源
   D. 不跟踪
16. 如何把需求作为开发项目计划的基础？【第15章】
   A. 通过需求估算产品的大小，并在对实现要求功能所需工作的估算的基础上制订进度和计划。如果需求变更或者进度延期，通过协商更新计划和协定
   B. 项目计划的第一次反复是确定收集需求所需的计划，项目计划的余下部分在我们得到需求后完成。但是，在此之后不能修改计划
   C. 在交付日期之前进行一个快速的缩小范围的过程以去掉一些特性
   D. 交付日期在搜集需求之前就已经确定了。我们不能修改进度或需求
17. 如何把需求作为设计的基础？【第15章】
   A. 设计者审查软件需求规格说明，以确保它能作为设计的基础。我们在单个功能需求和设计元素之间具有全面的双向跟踪
   B. 需求文档包含用户界面设计和我们计划实现方案的其他方面
   C. 如果有所编制的需求文档，我们在编程时也许会参考它们
   D. 我们并不进行明确的设计
18. 如何利用需求作为测试的基础？【第15章】
   A. 测试者检查软件需求规格说明书，以确保需求是可验证的，并开始计划测试过程。我们将系统测试回溯到明确的功能需求。测试的进展部分也由需求覆盖度量
   B. 根据使用实例和功能需求设计系统测试用例
   C. 测试者根据开发人员的陈述进行测试
   D. 需求和测试之间没有直接的联系

19. 如何确定和管理每个项目的软件需求基线?【第 16 章】

A. 当初始基线定义时,需求存储在一个数据库中。当批准需求变更时,更新数据库和软件需求规格说明。一旦确定了基线,则保存对每个需求的变更历史

B. 虽然我们定义了需求基线,但它不能总是与过去作出的变更保持一致

C. 虽然客户和经理不再提出要求,但我们仍然收到大量的变更和客户意见

D. 什么是“基线”?

20. 如何管理需求的变更?【第 17 章】

A. 变更通过一个确定的变更控制过程进行,该过程使用一个工具搜集、存储和交流变更请求。在变更控制委员会决定是否批准每个变更并评估其影响

B. 采用标准表格将变更请求提交到一个建议中心,由项目经理决定采纳哪些变更

C. 当需求阶段完成后,通过冻结需求拒绝变更

D. 常常有未经控制的变更蔓延到项目中

参考文献

[1] Philip B Crosby. Quality Is Free[M]. SignetBook,Reissue edition. New York：Mcgraw-hill,1992.

[2] Mark C Paulk,Charles V Weber,Suzanne M Garcia,Mary Beth Chrissis,Marilyn Bush. Key Practice soft Capability Maturity Model SM,Version1. 1[J]. Software Engineering Institute,Carnegie Mellon University,TechRep：ESC-TR-93-178,1993.

[3] Kent Beck. Extreme Programming Explained：Embrace Change[M]. Wokingham,England：Addison-Wesley Professional,1999.

[4] IEEE. SWEBOK：A Project of the Software Engineering Coordinating Committee[J]. 2001,5(1). Los Alamitos,CA：IEEE Computer Society Press,2001.

[5] Agile Alliance. Manifesto for Agile Software Development[EB/OL]. http://agilemanifesto.org/,2003.

[6] Martin Fowler. The New Methodology[EB/OL]. https://www. martinfowler. com/articles/n ew-Methodologyhtml,2003.